エリア AREA MANAGEMENT CASE METHOD マネジメント・ケースメソッド

官民連携による地域経営の教科書

編著 保井美樹
泉山塁威
日本都市計画学会・
エリアマネジメント
人材育成研究会

著 葛西優香 大西春樹
山中佑太 小川将平
宋俊煥 秋田憲吾
前川誠太 堀江佑典
谷村晃子 小林敏樹
松下佳広 籔谷祐介

JN079543

学芸出版社

はじめに

　本書は、本格的な人口減少時代の都市・地域を官民連携で支える「エリアマネジメント」のユニークな事例を集め、それを推進する組織や仕組みとともに整理したケースブックである。

　近年、行政だけでなく民間企業や市民が一緒になり、いわゆる官民を超えた連携を通じて、公共的な施設や場の運営を行う取組みが本格化している。道路、公園、図書館など、公共的な都市施設で再整備に向けた取組みが複数セクターの連携のもとで進められ、社会実験として、公共空間を用いたカフェやマルシェなどの活用が進んだり、新たな空間管理の方法が実現したりしている。そこでは、これまでにないイノベーティブな発想が求められ、前例に囚われない取組みを推進する人材や組織が求められる。

　こうした取組みのパートナーとして期待が高まるのが、エリアマネジメント団体だ。エリアマネジメントとは、「地域の価値を維持・向上させ、また新たな地域価値を創造するための、市民・事業者・地権者などによる絆をもとに行う主体的な取組みとその組織、官民連携の仕組みづくり」と定義され、全国各地で組成されている。

　本書は、特に商店街、住宅地、地方都市といった最も暮らしに身近でありながらこれまで必ずしも書籍などで取り上げられなかった地域に焦点を当てる。

　序章で本書全体の視点とエリアマネジメントの意義、地域特性や活動に応じたエリアマネジメントの分類を示す。前半に当たる1部では、15の具体的ケースを取り上げ、その地域やエリアマネジメントの組織や事業の概要、エリアマネジメントのユニークネスが生まれたストーリーとその要因を述べる。2部では、エリアマネジメントのすすめかた、事業内容とその効果、そこで働く人材の実態と育成について総合的な論点整理を行う。

　企業や非営利団体のマネジメントの分野では、このようなケースブックが普及しており、それぞれのケースにディスカッションの問いが用意され、それを題材に、授業や研修で議論を展開できるように工夫されている。しかし、エリアマネジメントが注目される都市計画の分野では、こうした学習方法はあまり普及していない。そのため、関連する書籍においても、事例を通じた組織や役割分担の整理、制度分析、国際的な取組みの紹介が行われるとしても、それを通じて読者が考え、議論すべき論点の提示がなされることは少ない。

そもそもエリアマネジメントは、建築・都市計画というよりは地域経済の再構築や循環の想像、社会関係の構築など、分野横断的な知識・経験が求められることが多く、何より自ら考えて動く力が求められる。

　本書を執筆分担したエリアマネジメント人材育成研究会（通称）は、都市計画学会の研究交流分科会Ａの位置付けを得て、2017年に活動を開始した。まず、エリアマネジメントに求められる人材像を明らかにするとともにその育成方法について検討するため、エリアマネジメント団体の全貌を把握することを目指しそれらの団体に向けた調査を行い、一体、どのような能力・経験を有する人がエリアマネジメント団体で働いているのか、どんな人材が求められているかを検討した。次に、その結果を踏まえた研修プログラムを実際に試行して、その有効性の検討を進めてきた。

　この過程で見えてきたのは、エリアマネジメントに求められるのは都市計画にとどまらない知識や経験はもちろんのこと、何より、地域を愛し、他人とのコミュニケーションを図り、問題に対して自ら考え、動くことのできる人材像であった。

　自ら考え、動くことのできる人材を育てるための研修はどのように行ったらいいか。そこで参考にしたのは、経営学大学院（MBA）の授業で行われるケースメソッドであった。経営学大学院では、しばしば、実際に起きたビジネス・ケースを題材にしながら、テキストや授業を通じてそれを追体験し、自分だったらどう考えるか、どう動くかを議論する。

　本書は、こうしたスタイルこそエリアマネジメントに求められるのではないかという考えのもとで企画、編集された。それぞれのケースにおいて、どのような問題に直面し、どのように対応したかをまとめると共に、自分だったらどう対応するかを検討できるようにディスカッションの論点を提示している。読者はこの論点について、後半の総括議論を参照しながら、主体的に考え、仲間と議論できる。自学に使うだけでなく、研究会、授業や研修などで活用いただきたい。

　この初のケースブックを通じて、これからのエリアマネジメントを牽引する人材が輩出されることを、研究会メンバー全員、願ってやまない。

2021年3月

エリアマネジメント人材育成研究会（都市計画学会研究交流分科会Ａ）を代表して

保井美樹

目次

多様化するエリアマネジメントを踏まえた ケースメソッド──本書の使い方

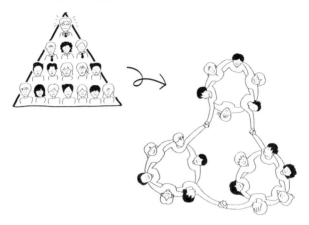

I. エリアマネジメントの本質を探る

縦型社会から横型社会へ

　エリアマネジメントとは、地域の価値を維持・向上させ、また新たな地域価値を創造するための、市民・事業者・地権者などによる絆をもとに行う主体的な取組とその組織、官民連携の仕組みづくりのことである。この展開は、平成時代を通じて進んできた「縦型社会から横型社会」への変革のなかで起きている地域経営のパラダイムシフトである。そして、この動きは発展途上でもある。

　過去、日本の地域経営は、国と地方、官と民、組織構造など、縦型に分断された構造のなかで事業が動いてきた。セクターや階層ごとのピラミッド型組織が、効率的な経済成長や技術進化をもたらしてきたことは間違いないが、近年、SDGs で知られるように環境、社会問題などが輻輳化し、他方で、人口減少を背景とした財政の制約も厳しくなってきた。そうしたなか、現場レベルでの工夫や実験的な事業が求められるにつれ、ピラミッド型の単一組織が事業を行うだけでなく、セクターを超えた対等なパートナーシップのもとで事業が進む横型連携の仕組みが求められてきている。その変化の経緯を眺めてみよう。

国と地方

　まず、国と地方の関係。戦後日本において、地方分権は常に課題であった。かつ

て「3割自治」と揶揄されていたように、地方自治体の財源の半分以上は地方交付税など国に依存した財源であるにも関わらず、仕事の量（支出）は国の倍[注1]以上、しかもその仕事の多くは国によってやり方が決まっている「機関委任事務」で、地方自治とは名ばかりのマニュアルに沿った地方行政府に過ぎなかった。国の政策に地方が従属する縦型社会であった。

しかし、21世紀を境に、この様相は大きく変化し始めた。まず、2000年の地方分権一括法の施行によって、「機関委任事務」の多くは「自治事務」とされ、地方自治体の裁量で政策決定することができるようになった。基礎自治体の条例制定権も拡大され、国が法令で事務の実施やその方法を縛っている義務付け・枠付けが見直された結果、公共施設や公物設置管理などの基準について、条例委任され、各自治体が地域の実情に応じて条例で定めることができるようになった。さらには、法定外普通税の許可制が同意を要する協議制に改められるとともに、新たに法定外目的税が創設された。国から地方への税源移譲もある程度は進んだ。

エリアマネジメントに関わりの深い都市計画に関して言えば、かつては国土計画を頂点とし、国が許可をしなければ都道府県の都市計画が実施できず、都道府県が認可しなければ市町村の都市計画は実施できないという関係であったが、現在では、この許可が協議・同意に置き換わり、用途地域、都市施設、市街地開発事業のかなりの割合が基礎自治体である市町村の役割となった。

もちろん、今も地方自治体の収入のうち自主財源、すなわち地方税収入が占める割合は40％を切っており、地方交付税や国庫支出金に頼る構造には変わりない。結果、国の政策の動向を見ながらの政策形成が多いことも事実である。

しかし、独自の政策を打ち出し、国に向けて政策提案をしていく地方自治体も増えてきた。エリアマネジメントについては、独自の推進枠組みを設定するものとして北海道倶知安町のニセコひらふ地区エリアマネジメント条例（2014年）、大阪市のエリアマネジメント活動促進条例（2013年）、エリアマネジメント団体との連携による公共空間の利活用を進める東京都の東京のしゃれた街並みづくり推進条例（2003年）、札幌市の広場条例（2010年に駅前通地下広場、2013年に北3条広場）などの自主条例が増え、それ以外にも、例えば名古屋市の地域まちづくり支援制度など、エリアマネジメント団体の育成につながる民間団体の認定・支援制度が多くの都市で導入されてきた。また、こうした取り組みが国の政策を動かし、2018年の地域再生法の改正による地域再生エリアマネジメント負担金制度の導入などにつながった。

このように、国から都道府県、都道府県から市町村に「許可」を通じて縦に意思決定が伝わっていく旧来の都市計画から、地方自治体から新しい動きを始め、それが横展開されるにつれて、国が制度化や側面支援の仕組みを整えていく方向に変化してきている。

官と民

次に、官と民の関係。戦後の経済成長には、民間部門だけでなく公的部門の占める割合も大きかった。つまり、公共事業が日本の経済の下支えをしている側面があった。今日でも、公的部門、すなわち地方自治体と国の歳出が国内総生産に占める割合は約15％を占め、特に地方の構成比が国の約2.7倍と大きい（平成31年度地方財政白書による）。

しかし、近年の少子高齢化と人口減少は財政の固定化を進め、特に投機的事業への支出は抑えざるを得ない状況が続いている。それに伴って本格化したのが、都市基盤の整備や運営に関する民活事業である。

民活といえば、1980年代、イギリスのサッチャー政権、アメリカのレーガン政権下で勧められた公共サービスの民営化や規制緩和による民間経済の活性化が知られる。ほぼ同時期、日本においても中曽根政権において、電話、鉄道などの民営化が進んだ。これ以降、もともと国や地方自治体が主体となって行っていたインフラ整備や公共サービスの事業を民間企業に委ねるケースが増えてきた。近年では、単なる事業委託だけでなく、整備、所有、維持管理の役割分担や期間などを多様に設定しながら官民が役割分担をするPFI（Private Finance Initiative）事業、それに止まらない官民連携としてのPPP（Public-Private Partnership）、運営を完全に民間に委ねるコンセッション（公設民営）など、様々なスキームが導入された。高度成長期に建設された様々なインフラの老朽化と、人口減少に伴う税収などの減少を踏まえれば、多くの需要への対応をできるだけ効率的に行う必要があり、地方自治体と民間企業の対等な連携が求められる現状は今後も大きく変化することはないだろう。

組織構造

第三に組織の構造。従前の大組織では、専門分野を生かしたピラミッド型組織が効率的な事業遂行に求められてきた一方で、部局を超える協働は難しい状況でもよしとされてきた。例えば地方自治体を考えてみると、財政調達や資金調達方法を検討する財政部局と土地利用や都市開発を担当する都市計画・まちづくり部局、道路や公園などの整備を担当する土木部局と都市計画・まちづくり部局の間の連携などは、あった方がいいに決まっているが実際には期待されるほど進んでいない。

エリアマネジメントの考え方は、公共的な事業については計画から施設の運営までを一貫して検討・実現していくことを重視するが、実際には上記の組織構造によって難しいことが多かった。

　例えば、首長の公約によって、街の成長にとって重要な公共施設が建設されるとする。そのプロセスは一般的にどう進むだろうか。まずは、自治体の担当部局で「基本的な考え方」の整理がなされる。その際には地域の関係者、公募市民、外部の有識者などが参加する委員会が設置されることが多く、設計・施工段階の検討事項に限らず、運営時に大事になる採算性を重視した事業計画、街の経済に波及させる連携方策、財政面の影響等、幅広く検討される。しかし、この「基本的な考え方」がその後の段階に引き継がれていくことに困難がある。

　施設の基本設計、実施設計へと段階が進むに従い、専門性と詳細度が高まり、計画に沿ってより良い建物が実現するために全力が注がれる。建物が完成に近づいて初めて、今度は、運営が始まった後のことが議論され始める。この時までに短くても数年を要するなかで、運営段階を念頭に置いて一貫した事業構想・設計・事業を行っていくには、部局やセクターを超え、常にビジョンを共有しながら進めていく横型の連携体制が必須である。そうでなければ、維持管理費がかかりすぎる規模や仕様になってしまったり、建物や前面空間の利活用を進めようとした際に十分な設備がないまま完成してしまったり、と運営段階で出てくる懸案を無視した施設がつくられてしまう懸念がある。こういう施設を運営段階において民間に移転しても、自立して採算がとれる運営ができるはずがない。そのため、構想段階からしっかり部局間の連携を図り、上述の官民連携を進めることは必須なのである。しかし、人事異動もある中で、これを常に意識して行える自治体は残念ながら多くない。

「進化型組織」へ

　さて、本書は経営学のケースメソッドを参考にしていることは既に述べたが、その分野で近年注目されているのが、企業の組織モデルの研究を行うフレデリック・ラルーの近著『ティール組織』[X1]である。この組織モデルの進化を、地域経営の進化とエリアマネジメントの理解の手がかりとしてみたい。

　ラルーは、企業の組織モデルは図1の段階的進化の途上にあると述べる。原始的なトップダウンの組織形態である「レッド」（衝動型組織）に始まり、将来に向けた計画を策定し、同質的な集団のなかでも安定した組織運営ができるようになる「アンバー」（順応型組織）、実力主義と説明責任を特徴とし、プロジェクトマネジメントに重点が置かれるようになる「オレンジ」（達成型組織）、権力や階層から離

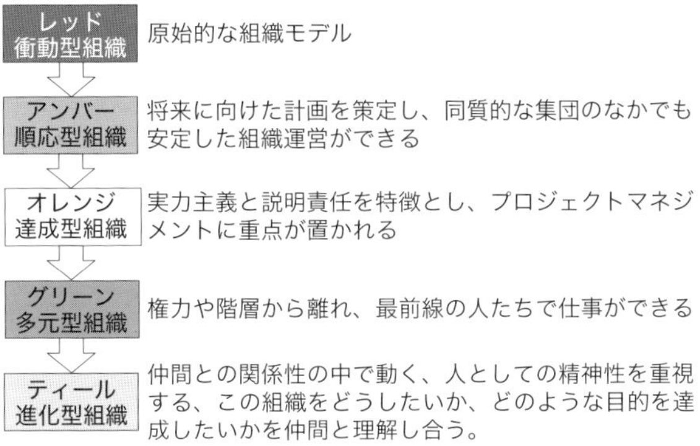

レッド 衝動型組織	原始的な組織モデル
アンバー 順応型組織	将来に向けた計画を策定し、同質的な集団のなかでも安定した組織運営ができる
オレンジ 達成型組織	実力主義と説明責任を特徴とし、プロジェクトマネジメントに重点が置かれる
グリーン 多元型組織	権力や階層から離れ、最前線の人たちで仕事ができる
ティール 進化型組織	仲間との関係性の中で動く、人としての精神性を重視する、この組織をどうしたいか、どのような目的を達成したいかを仲間と理解し合う。

図1　ティールに向かう企業の組織モデル
（出典：フレデリック・ラルー『ティール組織』（参考文献1）を元に筆者作成）

れ、最前線の人たちで仕事ができるようになる「グリーン」（多元型組織）を経ており、現在は「ティール」（進化型組織）へと向かっているというので会える。

　この「ティール型組織」の特徴は、次の3つだ。合理性や効率性に基づく判断を必ずしも優先せず、人が仲間との関係性の中で動くことを重視する「自己経営」という考え方、仕事やプライベートという垣根を超越し、人として本質的に有する精神性の発揮を重視する「全体性」という考え方、上からの統制ではなく、関わる人たちがこの組織をどうしたいか、どのような目的を達成したいかを理解し合う「存在目的」という考え方が確保されていることである。

横型社会のエリアマネジメント

　既に述べてきたように、地方分権が進み、多くの都市において官民連携型の都市整備事業が行われ、エリアマネジメントへの取り組みも進んでいる。そうした中、現場で取り組む人たちは、官民の垣根や所属する組織を超えてつながり、互いに理解し合いながら、取り組んでいる事業の目的を共有して仕事を進める体制をつくっているだろうか。それらの人が所属する自治体や企業などの組織では、部局間の連携が乏しかったり、上部の意思決定がなければ下部の担当者は動けない状況ではないだろうか。同じまち、同じ事業に取り組んでいても、組織や部局の間の連携がなく、担当する人と人の間に信頼関係が築かれなければ、施設の整備や管理・運営に関する1つひとつの事業は分断されたままで、複合的な要素を含む意思決定に時間がかかり、後で起きてくる課題を見越した事業の実施は難しい。

　本書が目指すエリアマネジメントの組織は、地方の事情に応じて条例などの枠組みを決定できる分権時代であることを前提に、官と民、組織内の部局を超えて、ま

ちに愛着を抱く人たちが連携しながら、このまちを将来こんな風にしたいというビジョンを共有し、自ら事業を構築して進めるプロセスである。それは、前述した「進化型組織」そのものと言える。つまり、横型社会が本格化する今後の社会においては、このように１つの組織を超えてつながりあう地域経営の姿を目指すべきというのが本書の基本的な姿勢である。

　そうしたエリアマネジメントをいかに進めるか。マニュアルや外部のコンサルタントの指導に沿って地域の関係組織による協議会をつくり、将来ビジョンを策定して実践すればいいというものではないことは、あえて言うまでもないだろう。ただ、行政主導で始まるプロセスの場合は、「どんな主体が地域の将来に向けて必要な費用負担を行い、事業を実施するべきなのか？」という議論が、民間主導で行われる協議プロセスでは、「特定の主体だけの活動になってしまうことによって生じるフリーライダー問題をどう考えるか」といった議論を避けられず、エリアマネジメントのすすめかたについては、期待とともに課題も多く指摘されてきたのが現状である。

　しかし、誰が地域の将来に責任を負うべきか、フリーライダーを排除せよ、という議論を最初から行うことには、あまり意味がない。まずは、本当にその地域のことを思い、変革にコミットできる人が活動できる環境づくりが重要であって、そうした活動を誘引することを前提に、地域や社会で起きている出来事や課題を踏まえたミッションの検討、具体的事業につながる将来ビジョン、ビジョン実践のための組織や財源の構築、さらには組織内外の連携・協力の仕組みの構築について考えていくことが地域社会に求められる。つまり、エリアマネジメントの本質とは、それぞれの地域でエリアマネジメントに取り組もうとする人たちが自身で地域の課題を整理・分析し、それに対して何をすべきかを考え抜き、その志を共有しながら、事業計画を策定し、実践を繰り返しながら改善を進める、まさに地域の自己経営の力である。前例や他地域の事例（ケース）は、真似するためではなく、考える力を育むための材料として使いたい。

2. 地域特性や課題に応じたエリアマネジメントの多様化

多様化するエリアマネジメント

　筆者が言うまでもなく、そうした自ら考え抜き、実践を進めるエリアマネジメントの事例は各地に生まれている。しかも、それはこれまで注目されてきた大都市中

心部だけでないことにも注目したい。

　エリアマネジメント団体の組織や活動については、本書2部で詳細に分析するが、ここでは都市規模、地域特性、活動内容で分類し、1部で取り上げている事例の位置付けを共有しておきたい。

　エリアマネジメントをその都市規模で分類すると、主に政令指定都市を中心とした（人口概ね80万人以上の）大都市、人口40～70万人程度の中枢都市、人口20～40万人程度の中規模都市、そして人口20万人以下の小規模都市のそれぞれに見られることが分かる。

　大都市のエリアマネジメント団体は、北から札幌、仙台、東京、横浜、名古屋、大阪、広島、福岡などに存在する。エリアマネジメント全国組織である全国エリアマネジメントネットワークの幹事を務め、全国的に知られたエリアマネジメント団体の多くが、この規模の都市から輩出されている。デベロッパーを中心とした大企業が主導しているケースも多い。本書では、それらの団体とは異なる事例として、地元企業と専門家らが産業構造の転換を踏まえたエリアマネジメントを進める名古屋市の「錦二丁目エリアマネジメント株式会社（p.24）」、まちの機能更新期に地権者が協働してビジョンを描き、実現していった「天神明治通り街づくり協議会（p.33）」、商業施設の開業をきっかけとして100年先を見据えたまちづくりを検討したことを基礎に開発に関わる企業、地元自治会、行政が集い、エリアマネジメント組織を立ち上げ、地域のまちづくり支援・協力、水辺空間利活用・演出、事業の公益還元を柱に事業を展開してきた「一般社団法人二子玉川エリアマネジメンツ（p.126）」、北九州市の環境モデル都市のモデル地区整備に伴い、その拠点とともに設立されたエリアマネジメント組織「一般社団法人城野ひとまちネット（p.153）」を取り上げる。

　中枢都市のなかで都市施設の再整備、公共空間の利活用、リノベーション事業など活発なまちづくり事業を進めているとイメージされるのは、新潟市、静岡市、浜松市、姫路市、豊田市、岡山市、松山市、北九州市など数多くある。いずれも主要な産業を抱えている、または県庁所在地などの行政機能の中心地である。こうした都市では、駅前をはじめとした特定地区で進められる再生事業に連動してエリアマネジメント団体が生まれる傾向がある。本書では、市役所と地元企業にアーバンデザインの専門家が加わって運営される「松山アーバンデザインセンター（p.43）」、姫路駅周辺地区整備に伴い設立された広場空間の運用事業主体である「一般社団法人ひとネットワークひめじ（p.91）」、草薙駅周辺で進む市街地再開発、様々な都市

基盤整備に連動して策定された「草薙駅周辺街づくりビジョン」を実践していくために地元主導で設立された「一般社団法人草薙カルテッド（p.134）」、岡山市北長瀬駅周辺の操車場跡地整備事業に伴って、地元市民と岡山NPOセンターが主導し、商業施設を運営する企業との連携によって設立された「一般社団法人北長瀬エリアマネジメント（p.144）」、関西屈指の大規模団地の建て替え事業に連動し、新住民と旧住民が共生できるコミュニティを創出するためにURと開発事業者の主導で設立された「一般社団法人まちのね浜甲子園（p.108）」を取り上げる。

　中規模都市としては大都市の沿線都市として調布、府中、柏、枚方などの他、地方においては福井、沼津などでエリアマネジメント活動の萌芽が見られる。商工会議所やTMOなど、地元の商業関係組織が母体になっていることが多く、本書では目黒区の自由が丘にて長年の商店街と自治会の活動を基盤に設立されたエリアマネジメント組織である「株式会社ジェイ・スピリット（p.82）」、首都圏最初の大規模団地として建設された東京都西東京市、東久留米市のひばりが丘団地で、その建替と合わせて2014年に設立されたエリアマネジメント組織であり、新旧の住民が日常を楽しく、困った時には助け合える関係を構築するためにまちづくりに関する企画を一手に担う「一般社団法人まちにわひばりが丘（p.117）」を取り上げる。

　小規模都市としては、地域資源を生かして特徴ある活動を展開するエリアマネジメント組織が各地にあり、本書では、そうした組織が都市施設などの指定管理事業を基礎に自主事業を展開する事例、行政や地元商業者との連携のもと地域資源の利活用を進める事例を5箇所取り上げている。山口県宇部市で中心市街地活性化に向け、宇部市まちなか活力再生計画の関連事業として検討された公・民・学の連携に

表1　本書で取り上げる事例の都市規模・地区特性による分類

	大都市（70万〜）	中核都市（40〜70万）	中規模都市（20〜40万）	小規模都市（20万以下）
商業中心	錦二丁目 （名古屋市・230万） 天神明治通り （福岡市・160万）	松山UDC （松山市・51万） ひとネットワークひめじ （姫路市・53万） 草薙カルテッド （静岡市・69万） 北長瀬エリアマネジメント （岡山市・72万）	ジェイ・スピリット （東京都目黒区・28万）	若者クリエイティブコンテナYCCU （宇部市・16万） 多治見まちづくり （多治見市・11万） 街づくりまんぼう （石巻市・14万） 長浜まちづくり （長浜市・12万）
住宅中心	城野ひとまちネット （北九州市・93万） 二子玉川エリアマネジメンツ （世田谷区・93万）	まちのね浜甲子園 （西宮市・48万）	まちにわひばりヶ丘 （西東京市・20万）	

（注：令和2年現在の人口を概算値で表示）

よる実験的活動を行う拠点とその運営主体として 2017 年に設立された「若者クリエイティブコンテナ（p. 72）」、岐阜県多治見市で、やはり中心市街地の衰退を背景に 2001 年に民間事業者と多治見市の出資により設立され、市からの補助事業や指定管理の受託および様々な自主事業を展開してきた「多治見まちづくり株式会社（p. 53）」、宮城県石巻市で、石ノ森萬画館の管理・運営と中心市街地活性化の事業を行うために 2001 年に設立され、中心市街地の空き地の利活用など様々な活動を展開してきた「株式会社街づくりまんぼう（p. 62）」、滋賀県長浜市で中心市街地活性化基本計画に掲げられた目標を実現し、持続可能な活性化を総合的に図るための中心的な役割を果たすための主体として、2009 年に官民双方の出資と努力で設立され、町家再生バンクなど様々な事業を展開してきたのが「長浜まちづくり株式会社（p. 100）」である。

表2　本書で取り上げる事例の事業項目による分類

事業項目 具体的事業の例	将来ビジョンの策定・実施 グランドデザインの策定、将来ビジョンの策定	まちづくりルールの作成 空間のデザインコントロール等策定、デザインガイドライン	イベント・アクティビティ実施 賑わい創出、人材開発等に向けた各種行事の実施	情報発信 SNS、HP等での発信、年次報告書等	防災・防犯・環境維持 防災計画策定、防災訓練、啓発等	公共施設および空間の管理・運営 指定管理、委託・使用許可等による構想・管理・運営	民間施設の利活用 空き家・空き地等の活用、リノベ、空き地等公開	地域交通の充実に関する活動 コミュニティバス、オンデマンド交通、新モビリティの実験棟	教育・福祉に関する活動 居場所運営、子育て支援、健康づくり等	調査研究・政策提言 政策的な検討やアドバイス、自主的な調査研究事業
大都市　錦二丁目	○	○	○	○	○	○				
大都市　天神明治通り	○		○	○						
大都市　城野ひとまちネット	○	○	○	○	○	○			○	
大都市　二子玉川エリアマネジメンツ	○		○	○					○	
中核都市　松山UDC	○	○	○	○		○				
中核都市　ひとネットワークひめじ			○	○						
中核都市　草薙カルテッド	○	○	○	○		○				
中核都市　北長瀬エリマネ	○		○	○		○				
中核都市　まちのね浜甲子園	○		○	○						
中規模都市　ジェイ・スピリット	○	○	○	○	○	○				○
中規模都市　まちにわひばりヶ丘	○		○	○		○				
小規模都市　若者クリエイティブコンテナYCCU	○		○	○		○	○			
小規模都市　多治見まちづくり			○	○		○	○			
小規模都市　街づくりまんぼう			○	○						
小規模都市　長浜まちづくり			○	○						

（出典：本書1部を参考に筆者作成）

これらの事例を地域特性で見てみると、多くが一部業務や住宅機能を含む商業を中心とした地域であるが、城野ひとまちネット、まちのね浜甲子園、まちにわひばりが丘など、住宅を中心とした地域での取り組みも進んでいることが分かる（表1）。

特徴的なエリアマネジメント事業

そして、エリアマネジメント団体が行う事業内容も、その都市規模や地域特性に応じて違いが見られる。表2をご覧いただきたい。全てのエリアマネジメント団体がイベントや情報発信を行っており、ほとんどのエリアマネジメント団体が公共施設・空間の整備および管理を行っている点では、エリアマネジメント団体が行う事業には一定の共通点がある。しかし、住宅地やそれを背後に有する商業地では、子育て支援活動、サロンなどの教育・福祉に関連する活動を積極的に行っていたり、大学と連携している団体では、自主的な調査研究や政策提言活動を行っていたりするのは、特徴的だ。また、小規模都市においては、多くが地元自治体の中心市街地活性化基本計画をもとに設立されているため、独自のエリアマネジメントビジョンを形成しておらず、共通して、公共施設・空間の整備および管理と民間施設の利活用を進めている様子もうかがえる。

このように一言でエリアマネジメントといっても、都市規模、地域特性によって取り組む事業は多様であり、行政と民間の関係、地域住民の関与、地域内外での連携パートナーの有無などは、取り組みごとに異なりそうである。

実験できるエリアへの期待

近年の災害でよく聞く「想定外」という言葉。災害に限らず、近年、人類がこれまで経験したことのない社会課題が次々に起きる。本格化する人口減少と少子高齢化のなかで地域の経済をどう維持発展させるのか、経済優先の社会がもたらした環境破壊とそれを背景とした異常気象にどう対応するのか、グローバル化した資本主義がもたらした深刻化する格差と分断をどう食い止めるのかなど、その課題は深刻なものばかりだ。他方、価値観の多様化が一定程度受け止められ、組織などにおいてもダイバーシティ（多様性）が重要な価値として取り入れられつつあること、AIや自動化技術などの技術革新が著しいことなどは、今後の社会を切り開く大きな可能性として注目される。人類には、こうした変化を社会全体で受け止め、新しい未来をつくっていくことが求められる。その動きがSDGsであり、各分野で生まれている認証制度などであろう。

問題は、こうした新しい社会をつくる方法を誰も知らないことだ。都市においても、人口増加を背景とした都市基盤の充実に向けた方法については叡智が積み重ね

られてきたが、人口減少時代における都市の賢い縮退や新しい地域経営の方法は誰も知らない。こうした時代において重要なのは、現状のデータ分析を行った上での仮説構築、仮説検証のための実験的な事業、そして実験結果を踏まえて修正できる力ではないだろうか。

エリアマネジメントに関連した分野では、上記のような複雑な社会課題への対応が問われ、しかも地方財政が豊かとはいえない中で、いかに良質な公共的な施設・空間を生み出し、更新させていくかが各地で課題になっている。

とりわけ近年は、車に依存しすぎる都市を脱して、人々が多様に都市空間を使いこなし、互いに交流する、人の暮らしを優先した新しい都市づくりが模索されている。歩きやすい空間（ウォーカブル空間）をつくり出し、そこに都市で暮らす様々な人が集う仕掛けを施す。それは人を呼ぶことを目的としたイベントだけでなく、新しい都市の日常の風景をつくり出す試みである。子供たちが遊びたくなるような設え、飲食しながら交流できる仕掛け、住民、就業者、来訪者らが一緒になって楽しむことができるお祭り、河川や緑など自然の手入れを一緒に行う仕組みづくりなど、その方法は多様であるが、共通するのは施設や空間の整備だけでなく、継続的な運営が行われていることだ。そうした運営を行うのが、地元の市民・事業者・地権者などが主導するエリアマネジメント団体である。

しかし、上記のような試みを行えば、本当に車依存を脱して、人の暮らしを優先した都市づくりになるのかは定かではない。そこで大事になるのが「実験力」である。将来どのような地域にしたいのかを考え、それに対して現状はどうなのかを分析した上で、何をすべきか、それを行うとどうなるのかの仮説を検討する。その上で、仮説を検証するための事業を行うとともに、その結果をデータ化して必要な修正を行っていけるようにすることが重要である。

昨今、各地で展開されている公園や道路を用いた社会実験とそれに基づく新しいストリートデザインの萌芽は、まさにこうした実験力の賜物と言えるだろう。

都市づくりは、国が全体的な視点から最適な状況を示す時代から、ローカルの個性や挑戦への期待を込めて個別支援をしていく時代に変化している。

3. 本書の使い方

エリアマネジメントにおけるケースメソッドとは

「はじめに」で述べたように、本書は、エリアマネジメントのケースメソッドを

追求するテキストであり、大きく2つのパートに分かれる。

　1部は、15の事例解説である。これを通じて読者自身が、各地で起きてきたエリアマネジメントの展開を追体験し、地域がどのような問題に直面し、どのように対応したかを理解することができる。読むだけで終わらせず、同じ局面に直面した時、自分だったらどう対応するかを考えてほしい。そのため、各事例の最後に、注目してほしい論点を提示している。読者はこの論点について主体的に考え、できれば地域で一緒に取り組む仲間たちと議論してみてほしい。自学に使うだけでなく、研究会、授業や研修などで活用いただきたい。

　2部はエリアマネジメントのすすめかた、事業、組織、人材それぞれに関する独立した論考である。読者の中で、エリアマネジメントのことをあまり知らないという人は2部から読み進めてもよいし、既によく知っている人は、1部のケースについて検討する際に、必要に応じて2部を参考にしてもよい。

事例整理のためのシート

　1部に入る前に、事例整理の方法を提示しておきたい。これは、あくまで編著者による推奨なので、読者や研修主催者がやりやすい方法で整理すれば構わない。

　まず、どの事例を取り上げるかを検討いただきたい。各事例の最初に、ハッシュタグで「エリアの特徴」「事業の特徴」「人の特徴」を示しているので、これが参考になるはずだ。例えば、「エリアの特徴」であれば、「#中心市街地」が多い。錦二丁目エリアマネジメント株式会社、松山アーバンデザインセンター、多治見まちづくり株式会社、株式会社街づくりまんぼう、一般社団法人ひとネットワークひめじ、長浜まちづくり株式会社の7箇所に注目するといい。「事業の特徴」では、「#広場空間活用」が多治見まちづくり、若者クリエイティブコンテナ（YCCU）、ひとネットワークひめじ、一般社団法人まちのね浜甲子園、一般社団法人草薙カルテッドの5箇所、「#道路空間活用」が錦二丁目、松山UDCの2箇所などがある。「人の特徴」では、「#外部人材」に着目できる事例が錦二丁目、松山UDC、多治見まちづくり、街づくりまんぼう、ひとネットワークひめじ、まちのね浜甲子園、城野ひとまちネットの7箇所といった具合であるので、それぞれの関心に応じて事例を選択いただきたい。

　次に、それぞれの事例を構造的に整理してみてほしい。なぜそれを推奨するかというと、エリアマネジメントは次の2点において独特な複雑さを内包しているからである。

　1点目は、エリアマネジメントが、単一の主体ではなく、多様な価値観や利害を

有する主体が集って行う地域経営の取り組みであることである。単一の組織であれば既に有しているであろうミッションや将来ビジョンも、複数の主体が共同して行うことになれば一旦白紙となる。それぞれの組織がエリアマネジメントの取り組みにどのような関わりを期待しているかをしっかり理解することは、エリアマネジメントの事例を分析する上で欠かせない。

　2点目は、地域の将来ビジョンを共有するだけでなく、それを実現するための具体的事業を行う事業体である点である。つまり、地域の様々な資源を動員しながら事業計画をつくり、それを実践していく必要がある。

　本書では、上記のような多様な主体が連携する構造、地域資源を動員して事業が展開される構造、それらの構造がつくられていくプロセスを明らかにするために、

　①どのようなプロセスでエリアマネジメントが展開されてきたのか（年表）

　②多様な主体がどのように関係を築き、役割を分担するのか（組織図）

　③どのような地域資源を活かし、継続できる事業体にしているのか（地域資源図）

を各事例で整理した。

　読者の皆さんには、これらの図表をレビューして頂きながら、自分でそれぞれの事例における将来ビジョンと具体的な事業の関係を明らかにしていただきたい。その際に、本ページに示す図2が役にたつかもしれない。図2は、筆者が大学の授業

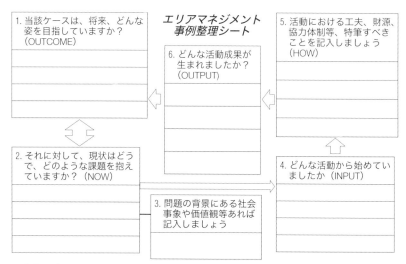

図2　長期的なビジョンと具体的な事業の関係（システム思考図）

で使っているシステム思考を参考にしたワークシートである。システム思考とは、1つの事象を全体像の一部と捉え、他の部分との相互依存性や相互関係性の中から考える方法である。[※2,3] エリアマネジメントの考え方が導入されていない地域社会は、おそらく個別の主体が行う個別の活動の積み重ねで成り立っているであろう。しかし、エリアマネジメントとは、あらかじめ多様な主体の連携を実現することで、個別の活動が他の活動と相互に関係を持ちながら、全体の目標に沿って実施されることを目指している。本書で取り上げている事例においても、様々な連携のもとでエリアの将来ビジョンが掲げられ、その実現に向けて多様な活動が行われている。もちろん、どの事例も完璧なものではなく、課題も多く抱えている。それぞれの事例におけるプロセスを追いながら、そこで起きた課題と解決方法を理解した上で、自分だったらどうするかを考えてほしい。

　事例を通じたケース検討を先に進めたい場合には、その解釈や議論の内容をさらに深めるために2部の論考をお読みいただきたい。

　では、ケースメソッドを始めていきましょう。　　　　　　　　（執筆：保井美樹）

参考文献
1)　フレデリック・ラルー著、鈴木立哉訳、嘉村賢州解説『ティール組織──マネジメントの常識を覆す次世代型組織の出現』英治出版、2018年
2)　ピーター・M・センゲ著、枝廣淳子、小田理一郎、中小路佳代子訳『学習する組織──システム思考で未来を創造する』英治出版、2011年
3)　枝廣淳子、小田理一郎著『なぜあの人の解決策はいつもうまくいくのか』東洋経済新報社、2007年

注釈
1)　平成31年度地方財政白書によれば、公的部門のうち、地方政府及び中央政府の支出が国内総生産に占める割合は、地方政府が10.8％、中央政府が4.0％となっており、地方政府の構成比は中央政府の約2.7倍となっている。

1部

エリアマネジメント・ケース

Area Managemet Cases

錦二丁目エリアマネジメント株式会社
愛知県名古屋市中区錦

商業地における企業と地縁団体の連携

錦二丁目エリアマネジメント株式会社設立パーティーの様子

（©Keiko Aizawa）

[エリアの特徴]　#中心市街地
[事業の特徴]　#収益　#不動産事業　#拠点運営　#道路空間活用
[人材の特徴]　#外部人材　#専門家　#次世代（若手）

I. エリアの特徴とまちづくりの背景

繊維問屋街からオフィスビルへ

　錦二丁目…ご存知の方はどのような街並みを思い浮かべるだろうか。繊維問屋で栄えた街は、2000年代に街の衰退への危機感をきっかけとして、自治組織の衰退や新産業・新住民の流入など時代の変化を踏まえつつ、構想を着実に実行するエリアマネジメントの仕組みを検討している。

　錦二丁目地区は、名古屋都心部の2大中心地である名古屋駅地区と栄地区のちょうど中間に位置し、地下鉄東山線伏見駅、桜通線丸の内駅がある他、周囲を錦通、

伏見通、桜通に囲まれている。小規模な繊維問屋などの細分化された敷地が多く残り、都心にありながら建物更新が進まず、築40年を超える建物も多く残っている。近年は幹線道路沿道の敷地は一般オフィスビルへ建て替わるなど街の姿は大きく変わりつつある（図1·1）。

地域の窓口「まちの会所」

　繊維問屋を中心に地区コミュニティが形成されていたこともあり、問屋街の衰退とともに地区の人口も激減し、同時に治安の悪化や住環境の悪化が懸念されている。そうした中で、繊維問屋の主を中心にまちづくり活動が次々と始まり、2004年、「錦二丁目まちづくり連絡協議会」が発足。協議会は、「まちの会所」を地区まちづくり活動の拠点（タウンセンター）として活用するべく、以前からまちづくり活動に協力していたNPO法人まちの縁側育くみ隊に「まちの会所」の運営協力を依頼し、地域の窓口を担ってきた。「最初は、資料づくりなどお手伝いのみでした」と語る名畑恵さんは、まちが動き出したこの時期から事業に関わり始めることになる（図1·2、表1·1）。

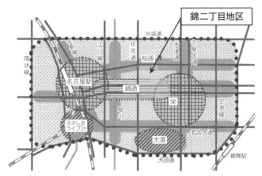

図1·1　錦二丁目エリア

図1·2　まちの会所で議論中　　　　　(©Yasuhiro Endoh)

活動エリアの特徴	駅周辺、商業・住宅・オフィス
都市計画上の位置づけ	都市計画マスタープラン／地域拠点 立地適正化計画／都市機能誘導区域
組織の位置づけ	株式会社
法人設立年	2018年3月
資本金等	100万円
職員数	8名（役員7名、常勤1名）

表1·1　基本データ

2. エリアマネジメントのプロセス

Phase 1　ビジョンづくり──地域の人が自分でつくったと言えるビジョン

　錦二丁目地区におけるエリアマネジメントの柱は、①コミュニティづくり②公共空間のマネジメント③土地と建物のマネジメント④低炭素まちづくりの4つである。①は、開発によりマンション住民が急増する中、既存そして新規の住民どうしが交流し、力を合わせられるコミュニティを目指す。②は、錦二丁目の広い道路を活かして、車中心から人中心の道路活用を目指す。③は、既存の建物の積極的な利活用を促進するなど、地域主導で開発の機会を活かし、まちの基盤づくりを行う。④は、2015年に名古屋市低炭素モデル地区として認定された錦二丁目は、地区ぐるみで環境配慮を意識してまちづくりを行う。まちを改めて知るワークショップやキーパーソンへのヒアリングにより、柱が固まった。ビジョンづくりから関わる名畑さんは、「ビジョンが完成する時に、関わった地域の方々が『自分たちが考えたんだ』と思えることがゴールだと思っていました。事務局は、ワークショップの進行を支えながらも、黒子に徹すべきだと思っています。しかし、ビジョンづくりを引っ張ってきたNPO法人まちの縁側育くみ隊代表（当時）延藤安弘先生は、黒子でありながらも目立ち、引っ張るような人でした。まちの人たちがついていきたい！って思う人なんです」と師匠の姿を思い出す。「まち育ての語り部」と言われる延藤安弘氏の地域を引っ張る絶妙なバランスを名畑さんご自身も体現できるよう今日も地域と向き合っている。

Phase 2　事業計画──地区から新しい「くらし」「しごと」をつくる挑戦

図1・3　まちについて語り合うワークショップの様子
（©Keiko Aizawa）

　名畑さんによると、錦二丁目エリアマネジメント株式会社は〈事業の4つの柱〉に基づきそれぞれの事業でビジネス展開を目指している。
①コミュニティづくり
②公共空間のマネジメント
③土地と建物のマネジメント
④低炭素まちづくり
　①では、町内会や組合などの連携も必須となり、限られた人材で運営を行

名畑恵さん（38）　錦二丁目エリアマネジメント株式会社 代表取締役社長

愛知産業大学大学院造形学研究科修士課程修了、（故）延藤安弘に師事。2004年NPO法人まちの縁側育くみ隊のメンバーとして、錦二丁目に関わり始めた。約15年のまちの変化を地域の方々と共にし、亡き師匠から学んだことを胸に次世代へつなぐ組織形成に励んでいる。

Q. 日頃から大切にしていることは何ですか？

　エリアマネジメントを推進するには、事業のことを考え、収益や組織のマネジメントに目がいきがちです。でも師匠から教わった大切なことは、「情緒性」が大切であるということです。やはりまちをつくっているのは、「人」なんです。例えば、ワークショップをする際に、「地域の課題は何ですか？」と聞くのではなく、「困っていることある？」と聞き方を変えるだけで人の心は解放されます。また、地域の魅力を箇条書きにするのではなく、「短歌」で詠むと、機械的な言葉が出なくなります。小さな工夫で人の心に寄り添い、まちづくりに参加する人が「自分とまちはつながっている」と思える瞬間をつくることを大切にしています。

Q. 事業に関わる仲間を集める時に何か工夫をしていますか？

　私自身が頼りないのも大事だと思っています。「できない」って言っちゃいます。すると、自分が助けてあげなきゃと思ってくださるみたいで…それぞれの方がお持ちの得意な部分を発揮しながら、一緒に活動をしてくれます。お話をしている時にその方の興味がありそうなお話をしたり、日常的に情報共有をするようにしています。すると、興味がある方は、こちらからお誘いしなくても、参加してくれるんです。その度にお話をして、事業を一緒に進める準備を始めちゃいます。すると自然と仲間になっていくんですね！

Q. 今後はどんな夢を描いていますか？

　「次世代に引き継ぐ！」です。次の世代に組織を引き継げるように今は土台を固めています。私は調整役が好きな事務局気質ですが、この地域で育ち、個性的で事業を推進していく人が次を担ってほしいなと思います。小学生の頃からまちづくりにも関わってくれている子がいます。今は大学でまちづくりを勉強中。例えばその子に引き継ぐことになれば、自信を持って、引き継げる組織にしておきたいと思います。

う中、事務局支援を担い、組織運営の円滑化を図る。また、企業や行政、大学など様々な主体と未来の地区・コミュニティの実現に向けた構想・研究・共創を進めるエリアプラットフォーム「N2／LAB」を設立。新しい技術やアイデアを積極的に活用し、地区から新しい「くらし」「しごと」をつくる挑戦を進めている。「この事業は、企業の事業開発と地域課題や地域の快適な暮らしを結ぶために、私たちは、地域との接続の役割を担っています。事業によっては、役割分担が明確化され、チームでの事業が進むようになってきました」と名畑さん。計画を立てる段階から組

織の編成も意識しながら進めている（図1・3）。

②では、都市再生推進法人の認定を目指している。

マルシェやランチモールなども実施し、公共空間を積極的に利活用してビジネスモデルを構築する。

③では、まちの余剰空間を使い、まち還元型のビジネスを展開する。活用の方法として、コワーキングスペースやイノベーションラボの運営を行う。また、まちづくり構想の実現に向けて、錦二丁目地区の再生・活性化を目指す大きなプロジェクトとして、錦二丁目7番街区の約6割を一体開発する事業が2022年春にオープン予定である。以下の4つの特徴で事業は推進される。

①多様な交流を促進する都市機能の導入（都心居住促進と生活サービス。賑わいを展開するためのエリアマネジメント活動拠点）

②快適な歩行者空間の創出と回遊性の向上

③環境負荷の低減

④防災性が高く安全で安心な市街地環境の形成

①にエリアマネジメント活動拠点とあるが、これまで錦二丁目地区では、江戸時代の町割りから継承してきている街区中央に配された空間（会所）を大切にしてきた。名古屋城下の本地区では、徳川家康が平安の世を見越して、町人中心の町として、街区中央の会所に寺社仏閣を配し、日常的には人々の交流の場、そして、非日常的には守りの布陣としての機能を持たせていた。このような時代背景も踏まえ、まちづくり構想では、「会所のネットワーク化」を実現するために、東西南北に路地を設け、中心を「会所」として計画している。他の街区における再開発の際も会所と路地を設け、ネットワーク化を図る予定である。その他にも7番地区再開発の会所に面した1階部分にエリアマネジメント拠点を整備し、カフェや生活支援の収益事業を実施する予定である。2階部分は、マンションの共用部となる会議室、キッチンなどであり、管理運営を担う計画だ。マンション居住者だけでなく、地域に開かれた拠点となるよう、まちづくりの腕が試される空間であるだろう。「この事業には、地元で飲食店を営んでいる方にサポートいただく予定です。リーシングの実績もあるので、分担をしながら進めています」と拠点整備のチーム構成も進み始めている。加えて再開発街区には、路地に面した小規模店舗となる10坪×4店舗分の空間が設けられている。テナントミックス事業の実施を計画しているエリアマネジメントが床を取得し、運用。利益はまちづくり事業に還元する仕組みを計画中だ（図1・4、1・5）。

　このように再開発事業とエリアマネジメント事業が並行して進められるのは、長い関係性構築の結果である。2003 ～ 2004 年頃から再開発の動きが活発になり始め、2012 年に再開発準備組合が発足している。再開発という長い年月のかかる事業を推進する関係者とコミュニケーションを常にとり、地域との関係性づくりと共に進めてきた。「まちのデザイン塾で地域の方々と学習会を開いている時から、住宅都市局の方、再開発事業者の方と対話し、両輪でまちを見ていました」と将来のまちを見据えた運営を実践していた。

　④では、企業と連携し、省エネ化やエネルギーマネジメントビジネスの研究と実践を行うため計画を進めている（図 1・6、1・7）。

　「普通のベンチャー企業よりは事業の計画立案や実行まで時間がかかっているかもしれないです。主体となって一緒に事業を動かしてくださる人を探しながら、また限られた社員数で進めるのは大変ですが、少しずつ固まってきています」。事業に関わってくれる人を探しながら、計画を立て、実行へと移していく。同時並行でコトを動かしていかなければならない。ここで大切なのは、一人で頑張らないこと。

図 1・4　街区の平面図

図 1・5　開発後イメージ図

図 1・6　まちなかで行われたマルシェの様子

（©Yuya Yoshikawa）

図 1・7　「錦二丁目まちづくり構想 2011–2030」の概要版

「自分のできないことをしっかりと話します！」と語る名畑さんは、専門性を持った人を見つけ、その能力を発揮する環境を整える技術が秀でている。

Phase 3　組織構築——専門性を持った役者が揃う

　2000年の長者町繊維問屋組合の設立50周年の記念行事を契機とし、繊維問屋の主を中心にまちづくり活動が次々と起こされていく中、各組織の連携の必要性が高まった。住民を中心とした日常の生活支援、防災、防犯などのコミュニティサービスを担う「錦二丁目の各町内会」。まちづくりの構想づくりと活動を担う「錦二丁目まちづくり協議会」。エリアマネジメントの拠点の整備を行う「錦二丁目7番地区市街地再開発組合」。地域紙の発行やゑびす祭りの主催など地域内の企業活動の円滑化の支援を行う「名古屋長者町協同組合」。この既存の地区内4組織を束ね、エリアマネジメント会社との接続を行う「一般社団法人錦二丁目まち発展機構」が地域内には存在する。そして、まちづくり事業の実施と収益のまちへの還元を推進するのが「錦二丁目エリアマネジメント株式会社」（図1・8）。まちづくりと収益性のある株式会社の事業は、地縁団体の方々にはどうしても結びつかない面があった。しかし、不動産管理など実質的なビジネスの可能性が出てきた時に、地縁団体も必

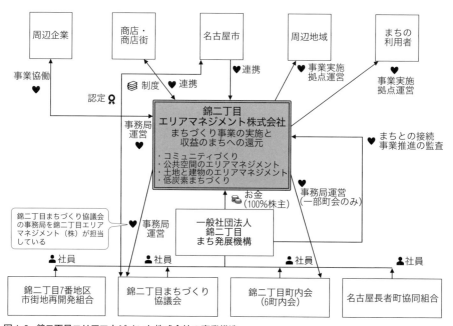

図1・8　錦二丁目エリアマネジメント株式会社の事業構造

要を感じるようになった。今までのまちづくりの方針をぶらさず事業を推進でき、協力体制を築きながら、収益管理を行うために株式会社が設立に至った。「事業を推進する際に、まちづくりとは違う方向にいっていないかを確認してもらったり、株式会社が動きやすいように地域の方々が体制を整えてくださいました」と名畑さん。地域との接続、活動の合意を得るためにも「一般社団法人錦二丁目まち発展機構」と連携しながら、事業を推進する体制が整った。

　会社を設立し、社員は1名。活動を共にしてきたNPO法人まちの縁側育くみ隊に委託し、1名が事務局に。その他、拠点運営専属で1名。公共空間の活用推進に1名。彼らはメインで事業を動かしているメンバーだ。各事業の推進者と地域の方々がボランティアとして集まり、事業を実施している。推進者の顔ぶれを見て、「役者がそろってきました。各専門の方がどんどん推進してくださるので心強いです」とまちを歩き、声をかけ、推進者を巻き込み続けた名畑さんは、事業実践に向けて、前に進み続けている（図1・9）。　　　　　　　　　　　（執筆：葛西優香）

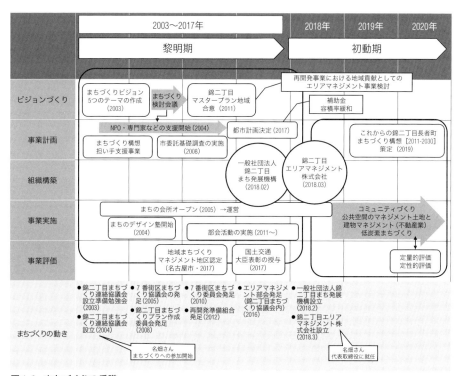

図1・9　まちづくりの系譜

【CASE1 の論点】

Q1 繊維問屋街からの衰退、都心のビジネス地区への再生が進む中で、複数の組織が立ち上がり、分担・連携しながらエリアマネジメントが進められています。この考え方やステークホルダーを整理し、今後組織間連携を深めるためには、あなたならどのように改善するか検討してください。また、ここでエリアマネジメントでないとできないこととは何なのでしょうか？

Q2 これからのエリアマネジメント事業が続いていくための錦二丁目の収益モデルを検討するとともに、それがうまくいくために必要なことを考えてみてください。

Q3 この地区のエリアマネジメントを発展させるために、どのようなスキルを持った人材がどのような役割を担い、関わることが今後大切だと思いますか。人材育成計画を考えてみてください。

CASE 2 天神明治通り街づくり協議会
福岡県福岡市

エリア投資を呼び込み都心を再生する

九州最大の商業業務集積地、天神

(© Fumio Hashimoto)

進行中の天神ビックバン

(仮称) 天神ビジネス
センター・福岡地所

(左右とも提供：天神明治通り街づくり協議会 (MDC))

[エリアの特徴] #商業業務集積地 #地方都市 #交通結節点
[事業の特徴] #グランドデザイン策定 #エリア投資 #長期的戦略
[人材の特徴] #ビジネスパーソン #事務局人材 #地場大手企業

I. エリアの特徴とまちづくりの背景

まちの機能更新期に突入した天神とエリアマネジメントの出会い

　「過去最大の大転換期を迎えるこのタイミングで天神に携わる仕事ができる。そのことが喜ばしい」。2020年4月、天神明治通り街づくり協議会（以下、MDC）事務局次長に着任したばかりの藏田隆秀さんは感慨深げに語った。

　さらにこう続けた。「天神の変わっていく様子を目の当たりにしながら、少しでも自分たちが手掛けたものが後々残ることにやりがいを持って、今のまちづくりを全力でやっていきたい」。明治時代の創業以来、天神のまちづくりに連綿と携わってきた西日本鉄道株式会社（以下、西鉄）の社員としての自負が滲み出る言葉だ。

　天神は福岡市の都心であり、大規模な商業施設やオフィスビルが立ち並ぶ九州地方最大の業務商業集積地区である。国内・海外の広域交通ネットワークに接続する博多駅とは地下鉄で6分、福岡空港とも11分で結ばれており、さらにその中心部には大手私鉄のひとつである西鉄のターミナル「西鉄福岡（天神）駅」が位置し、背後に広がる郊外エリアともダイレクトにつながっている。就業人口は約5万2000人、来街者は30万人とも言われ、近年では「日本でいちばん元気な地方都市」という枕詞とともにメディアで取り上げられることも多い福岡市のエンジンとして機能している。

　MDCの対象エリアは天神地区の中心部の17ha（図2・1）。東西に貫く明治通りに沿って中層のオフィスビルが連なるエリアである。このエリアで2008年にMDCが立ち上がった背景としては、高度成長期に竣工した建物が多く、築40年を超えて更新時期を迎えていたことに加え、2005年の福岡県西方沖地震により建物の耐震化への関心が高まっていたことが挙げられる。2006年には、天神で初めてのエリアマネジメント団体としてWe Love天神協議会（以下、WLT）が設立され、2年後の2008年には「天神まちづくりガイドライン」も策定された。同ガイドラインでは、ま

図2・1　天神地区周辺エリア
（提供：天神明治通り街づくり協議会（MDC））

エリマネびとにせまる！

藏田隆秀さん(45)　西日本鉄道株式会社天神開発本部天神みらい戦略部

藏田隆秀

初期配属は鉄道。そこから広報、商業関係、クルーズ船、子会社の遊園地の改装などを担当してきた。半分が広報畑、残り半分はまちづくり畑を歩んできた。一貫して地権者と同じ目線に立ち、天神ビッグバンでも彼らと向き合う毎日。

Q.WeLove 天神協議会（WLT）から天神明治通り街づくり協議会（MDC）に所属が変わり、どんな変化がありましたか？

　　　WLT は「安全・安心」や「にぎわい」が中心テーマです。一方で MDC は、エネルギーや環境など専門知識を必要とするケースが多いです。他にも Society 5.0 など次世代まちづくりにつながる知識も必要と感じています。天神というまちはコンパクトで企業、地域、役所、警察など全てがヒューマンスケール。MDC に移っても引き続き関わる人が多いのは助かっています。

Q. 西鉄社員にとっての「天神」とはどんな場所ですか？

　（西鉄は）戦前、戦後を通じて交通や商業など様々な分野で天神に関わってきた企業体です。DNA 的に天神のことをよく知っている。勤務先も飲む店も天神で、天神は身近な存在。天神が盛り上がることで西鉄が発展していきます。会社自体が天神に人を集めることで収益を得ています。歴代の経営陣は、西鉄としての損得勘定よりも、天神としてどうなのかという判断基準の中でやるかやらないかを決めてきました。

ちの将来像や戦略が掲げられており、それに紐づいた形で幅広い取り組みが現在に至るまで行われている。WLT の活動は清掃活動や防犯パトロール、集客イベントの企画・運営などソフト面に特化していることが特徴で、構成員も地権者の他、テナントや企業、個人など多種多様であった。そんな中で喫緊の課題としての老朽化した建物の建替えなどハード面の施策を本格的に押し進めるためには、任意団体という形態で事業基盤が盤石とは言えない当時の WLT の組織体制では難しく、地権者を中心とした新たなプラットフォーム構築が模索されてゆくこととなった。

2. エリアマネジメントのプロセス

Phase I　組織構築──始まりは西鉄・九電・福銀 3 社での準備会

　WLT の源流は西鉄の中にあった天神委員会という組織。商業部門の担当が中心

となり、事業基盤である天神の活性化や問題点を自社のリーダーシップで進めていくため2000年初め頃にでき、後々のWLT事務局を兼務する形になっていく。一方でMDCは、デベロッパーとしての立場も含めた不動産部門担当が周辺地権者と一緒に立ち上げた。同じ西鉄社内でも異なる流れの中から生まれている（表2・1）。

WLTが立ち上がって間もない2007年夏、既存不適格建築物の建替えで建物の規模が小さくなるという共通の課題意識を持ち、西鉄と九州電力、福岡銀行の3社でMDCの準備会がスタートし、グランドデザインのベースとなる構想案を作成した。グランドデザインではアーバンデザインはもとより、規制緩和や経済政策、インフラに関わる制度設計まで幅広く言及しており、「規制緩和によるまちづくりの推進」「福岡を本店経済へ」といったフレーズで溢れていた。その上で、今後どのような形で地権者が事業参画するかのイメージも検討した。既存不適格建築物だとなぜ損をするのか、参画によるインセンティブ（税収効果、資金計画など）はどこにあるのかをシミュレーションした。その構想案を携え、2～3ケ月かけて地権者のもとに走り回り、2008年6月にはMDC設立に漕ぎつけた。

また設立に際しては、専門的知識や実務経験を持つスタッフが必要との認識から、実務専門家を含めた事務局を設置した。福岡ローカルの人材に限定せず、東京などから各分野の専門家を起用している。

Phase 2　ビジョンづくり——視察とフォーラムでドライブをかける

準備会の3社に加え、西部ガス、野村不動産、平和不動産、毎日新聞などが加わり、十数社で構成される組織体制となった設立当初は、グランドデザイン検討から活動を本格化させた。担当レベルによるプロジェクトチーム会議を月1回ペースで6回開催して素案作成を進めた。このプロジェクトチームでは、東京での視察ワークショップも実施した。大丸有再開発計画推進協議会（現・一般社団法人大手町・丸の内・有楽町地区まちづくり協議会）や秋葉原クロスフィールドでヒアリングし

活動エリアの特徴	都心／駅周辺／商業・業務地区
都市計画上の位置づけ	都市計画マスタープラン／都心部、地区計画／天神明治通り地区
組織の位置づけ	地域まちづくり協議会（2014） ※「福岡市地域まちづくり推進要綱」に基づく登録制度
法人設立年	2008年（任意団体）
資本金等	無し
会員構成	52者（2020年7月時点） ※地権者（法人・個人）・民間事業者・個人・地方自治体で構成される
職員数	3名（常勤3名）

表2・1　基本データ

た後、福岡に戻る前に都内の会議室にメンバーが缶詰めになり天神の未来を語り合った。

そうした議論を重ね、2008年11月には「街の価値を高める街づくり」フォーラムを開催、地権者約100名を前にグランドデザイン素案を発表した。フォーラムを機にメンバーを拡充し、（新生）プロジェクトチーム会議を始動、素案をたたき台にグランドデザインのブラッシュアップを続けてビジョンの共有化を進めた（図2・2）。

さらに半年後の2009年4月に開いた「福岡都市フォーラム」では、国際的な街づくりの実務機関であるINTA（国際都市開発協会）を招聘し、パネリストがグランドデザインを検証し、海外事例との比較を通じて都市の「グランドデザイン」の意義を市民とともに考えた。こうして同年5月、グランドデザインが策定された。

「天神明治通りグランドデザイン」で注目すべきポイントは、目標像「アジアで最も創造的なビジネス街」の実現に向け、ひとつひとつのプロジェクトの質の向上を誘導し、それらの積み重ねによって少しずつエリア全体の価値が高まり、結果的にまち全体の発展を誘発するような連鎖的な投資が行われることを企図している点である。また基本コンセプトに「街の共用部」という考え方を据えている（図2・3）。これは、壁面線は揃えつつも個々のビルは自由度を高め、歩いて楽し

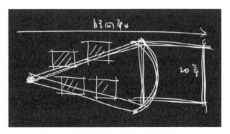

図2・2　個々の事業を通じて街の価値が
　　　　向上するイメージ

（提供：天神明治通り街づくり協議会（MDC））

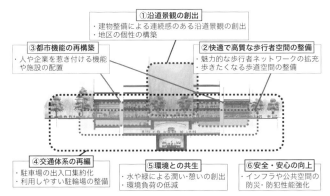

① 沿道景観の創出
・建物整備による連続感のある沿道景観の創出
・地区の個性の構築

③ 都市機能の再構築
・人や企業を惹き付ける機能や施設の配置

② 快適で高質な歩行者空間の整備
・魅力的な歩行者ネットワークの拡充
・歩きたくなる歩道空間の整備

④ 交通体系の再編
・駐車場の出入口集約化
・利用しやすい駐輪場の整備

⑤ 環境との共生
・水や緑による潤い・憩いの創出
・環境負荷の低減

⑥ 安全・安心の向上
・インフラや公共空間の防災・防犯性能強化

図2・3　街の共用部形成イメージ　　　（提供：天神明治通り街づくり協議会（MDC））

いまちを指向するもので、「まちの機能更新によって床は増えるが人のにぎわいが外に滲み出ず、殺風景な景色になり、天神の良さが失われてしまう」（藏田さん）という危機感が生んだものだ。

Phase 3　事業実施——十数年かけて描いた都心の姿は実現段階へ

　グランドデザインの策定後は、「グランドデザイン実現の手引書」において、目指すべき将来像をより具体的に想起させるための「モデルプラン」と、個別の計画や事業が尊重するべき事項を明文化した「ガイドライン」を示した。

エリマネびとにせまる！

宮崎園子さん(34)
西日本鉄道株式会社天神開発本部天神みらい戦略部

新入社員の頃から6つある商業施設の統括やソラリアプラザのリニューアルや運営に携わり、3年前から現在の部署に異動した。1年目は地権者の立場で再開発の検討をし、2年目からMDCを担当している。

朴成珉さん(35)
ばくそんみん
西日本鉄道株式会社天神開発本部天神みらい戦略部

入社後に商業施設を担当し、その後は京都やタイ・バンコクでのホテル開発事業をメインに関わっていた。その後は、韓国でホテル運営を行っている西鉄グループの現地法人で現場の実務を経験し、日本に復帰後MDC担当になって3年目。

宮崎園子さん（中央）、朴成珉さん（右）
（提供：天神明治通り街づくり協議会（MDC））

Q. まちづくりを進めるにあたってどんなスキルが必要だと思いますか？
宮崎：私たちはまちづくりのプロ集団ではありません。ただ西鉄は天神地区の地権者と寄り添ってまちづくりをしてきた会社です。ヒアリングを重視したり地権者ひとりひとりと対話したりしてきました。地権者目線で考えていける組織だと上層部も考えていると思います。商業からの目線や広報からの目線など、これまでの仕事を通して得た知識・経験を集結してまちづくりに活かしたいと思います。

Q. これから勉強したいこと、やってみたい仕事は？
朴：赴任当初はエリアマネジメントのことは何も分からなかったです。一緒に仕事をしている専門家との会話など、仕事をしながら必要な知識を吸収しています。2019年に受験した再開発プランナー試験で学んだことも、MDCの対象地区での組合設立などに役立っています。今後は韓国や海外の仕事に関わってみたいです。

宮崎：MDCは「アジアで最も創造的なビジネス街」を将来像としています。国内だけでなく海外視察も年1回はしていますが、（いまはコロナウイルスの影響もあるため）書籍などを通じて日本との違いなど学んでいきたいです。事業が多岐にわたることが（西鉄に）入社した理由のひとつなので、これからも与えられた目の前の仕事に一生懸命に取り組みたいです。

この手引書に記載した内容は、2014 年 8 月に「地域まちづくり計画」として福岡市に登録されることにより、MDC の意向が行政判断に反映される、街づくり協議の仕組みが確立された。これによって、個別の開発事業が行われる際には MDC メンバーと協議の場でグランドデザインに照らし合わせる。これを経ることが確認申請の事前手続きとして定められている（図 2·4）。

2013 年には地区計画（方針）を都市計画決定し、さらに 2015 年には具体的な事業が先行する天神一丁目南ブロックについては地区整備計画も都市計画決定している（図 2·5）。

福岡市が掲げる「天神ビッグバン」という施策のもと、2018 年以降、「（仮称）天神ビジネスセンター」「（仮称）天神一丁目 11 番街区開発プロジェクト」など再開発プロジェクトが次々と発表、着工され、複数の街区で工事が同時進行している。いずれも MDC の対象地区でのプロジェクトであり、これまでの 10 年間の取り組みがようやく結実しつつある（図 2·6）。

しかし、藏田さんは厳しい顔でこう語る。「天神ビッグバンにより容積率が緩和され、オフィスビルの面積は大幅に拡大されることになる。しかし、それ自体が本当に正しいことだった

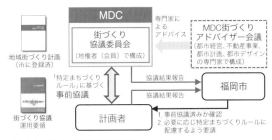

・地区整備計画策定時や建築計画時に、計画者と事前協議する仕組み
・地権者協議＋専門家アドバイスによる評価
　⇒行政評価に反映
　⇒グランドデザインの実現

図 2·4　街づくり協議の仕組み

(提供：天神明治通り街づくり協議会（MDC）)

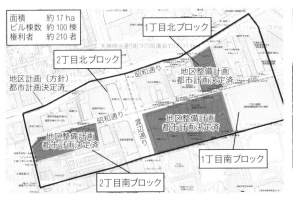

面積　　約 17 ha
ビル棟数　約 100 棟
権利者　　約 210 者

1丁目北ブロック
2丁目北ブロック
地区計画（方針）都市計画決定済
地区整備計画都市計画決定済
地区整備計画都市計画決定済
地区整備計画都市計画決定済
1丁目南ブロック
2丁目南ブロック

図 2·5　対象エリア　　(提供：天神明治通り街づくり協議会（MDC）)

図 2·6　（仮称）天神一丁目 11 番街区開発プロジェクト

(提供：西日本鉄道㈱)

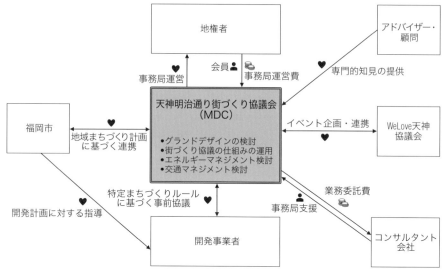

図 2·7 天神明治通り街づくり協議会の事業構造

のかがこれから問われる」。アフターコロナの社会においては、天神に来るきっかけそのものが失われるかもしれない。アジアからのインバウンドも一瞬にしてシュリンクしたのが現実。「多様な変化にどれだけ順応できるかがまちの真価として問われる。天神というまちが今後 50 年 100 年今まで以上に魅力を高め続けるための努力をしていかないとあっという間にまちが衰退していく」と強い危機感を口にした（図 2·7）。

WLT と連携してソフト面からもまちの更新を進める

　藏田さんは MDC に着任するまで We Love 天神協議会（以下、WLT）の事務局長を 3 年間務めていた。このようなジョブローテーションは西鉄でも初めてのこと。「10 年以上活動しているがここ 1、2 年でようやく WLT と MDC の連携ができつつある」という藏田さんの言葉はあまりにも予想外だった。

　MDC はハード面で老朽ビルの建て替えを地権者と一緒にやっていくような組織で、WLT はソフト面でエリアマネジメントを広く浅く、天神のまちの問題を解決したりにぎわいをつくったりする組織。この 2 者であまりキャッチボールができず、「蓋を開けたら WLT と MDC がほとんど同じようなことを別々に考えていたということもあった」という。2019 年から西鉄社内の都市開発部門の中にまちづくり推進部（現・天神開発本部）ができ、同じ部内に MDC 担当と WLT 担当が同居す

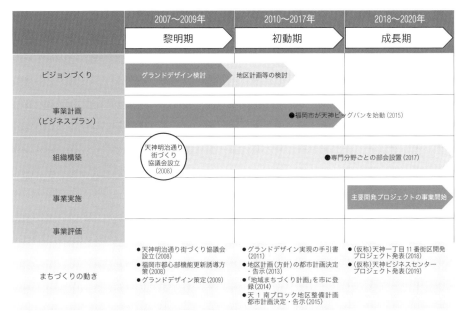

図 2・8　まちづくりの系譜

ることになった。MDC もハードばかりでなくソフト面でのまちの機能更新も考え
ていくことが大事と感じていた藏田さんらにとっては、WLT との情報共有もしや
すくなり、横連携が取れる体制が整った。

　何度も繰り返されたこの「連携」という言葉が達成される時、天神のまちづくり
は完成に近づくのかもしれない。そして藏田さんは最後にこう締めくくった。

　「天神の仕事に携わって 10 年近く経つ。少し離れた目線で天神を見てみたい気も
するが、ドラスティックに生まれ変わろうとする天神を後世に託せるよう、今はし
っかりと取り組んでいきたい」（図 2・8）。　　　　　　　　　　　（執筆：山中佑太）

【CASE2 の論点】

Q1 エリアの主要な建物が更新期に入っていくと、地権者によるビジョンやルールの検討が求められます。西日本鉄道をはじめとした天神明治通り街づくり協議会（以下、MDC）のメンバーはどのようにこれを進めていたでしょうか？ また、あなたがMDC の事務局あるいは行政（福岡市）の立場であったとしたらどのように行動したと思いますか？ 準備会が立ち上がった 2007 年を起点として、その後 10 年間のロードマップを検討してみましょう。

Q2 グランドデザインを実現するための「モデルプラン」と「ガイドライン」の意味は何でしたか？ それぞれがどのような役割を果たしていたか考えてみましょう。また、あなたが MDC の事務局メンバーだったとしたら、グランドデザインの実現可能性を高めるため、2009 年の策定後にどのようなアクションを起こしたでしょうか？

Q3 「街の共用部」という考え方は何を意味していましたか？ あなたが MDC の事務局メンバーだったとしたら、建物の低層部や建物をつなぐ空間としてのパブリックスペースをどのように使いこなすか開発プロジェクトを手掛ける民間事業者や行政（福岡市）に提案しますか？ またその際に、同地区でソフト面のエリアマネジメントに取り組んでいる We Love 天神協議会とはどのように連携することを考えますか？

松山アーバンデザインセンター（UDCM）

愛媛県松山市

公民学連携による中心市街地再生

「みんなのひろば」

（提供：UDCM）

地方都市・郊外の市街地

［エリアの特徴］　#中心市街地　#地方都市
［事業の特徴］　#空き家・空き地活用　#ストリート活用
［人材の特徴］　#外部人材　#アーバンデザイン専門家集団

I. エリアの特徴とまちづくりの背景

1990年代からの中心市街地の衰退に始まった都市再生への取り組み

　愛媛県松山市は人口約51万人で、松山城の城下町として発展し、日本最古といわれる道後温泉を有する温泉地としても良く知られている。松山城を中心に形成されている中心市街地には、昔ながらの近世城下町の骨格が残されており、南側の松山市駅や銀元街から北側の一番町までの範囲を中心に商業・業務エリアが集積している。また、市内には大学や専門学校など、教育機関が多く、学生の多いまちでもある。

図3·1　松山市中心部　　　　　　（出典：Google map を元に作成）

1990 年代後半から全国的に始まった中心市街地の衰退現象は、松山市も例外ではなく、2000年代に入ってからは、中心市街地の店舗が急速に減少した。また、2010 年をピークに人口も減少しており、車社会の定着や大型ショッピングセンターの郊外立地などによる市街地の郊外化、それに伴うまちなかの空洞化が進んでおり、車中心になっている松山をいかに人間中心の都市空間に取り戻すかが喫緊の課題であった。その中で 2014 年 4 月から松山アーバンデザインセンター（以下、UDCM）が設立され、都市再生への様々な取り組みを実施している。元・UDCM ディレクターであった尾﨑信さんへのインタビューからエリアマネジメントのプロセスを整理してみる（図 3·1）。

2. エリアマネジメントのプロセス

Phase I　組織構築──中心市街地再生のために公民学連携組織を形成

　UDCM は、2014 年 4 月から実働している任意団体である。2013 年 4 月、まちなか再生が課題となる中、中心市街地の都市整備事業を抱えている市の担当部局がまちづくり拠点として、アーバンデザインセンターの設立を検討し始めた。最終的には都市デザイン課が担当課となり UDCM の構想と体制づくりが行われた。2014 年 2 月には、公民学連携組織として、松山市都市再生協議会が設立され、その執行組織として UDCM が位置づけられている。松山市都市再生協議会には、公（松山市）・民（松山商工会議所、株式会社伊予鉄グループ、株式会社まちづくり松山）・学（愛媛大学、松山大学、聖カタリナ大学、松山東雲女子大学、東京大学）が参画している。意思決定組織として、UDCM により年 2 回（中間報告・最終報告）の報告を受け、年間事業計画の決定や年間事業の評価を実施している。松山市都市再生協議会から愛媛大学への寄付講座（2014 年 4 月）を設立し、愛媛大学により常

地方都市・郊外の市街地

尾﨑信さん(43)　元・UDCM ディレクター・博士（工学）

2005 年、東京大学大学院（社会基盤学専攻・景観研究室）修了。都市計画コンサルタント・東京大学大学院景観研究室助教後、約 3 年間の UDCM・ディレクターを経て、2020 年 4 月より東京大学大学院新領域創成科学研究科・特任研究員として勤めている。

尾﨑信さん(右端)とUDCMメンバー(当時)
(提供：UDCM)

Q. UDCM に関わるきっかけは？

　東京大学で助教をしていた時に、東日本大震災の津波被災地での実務事業に関わっていました。アーバンデザインセンター（UDC）の仕組みが良いと思ったのは、その復興事業に関わっていた最中です。復興はスピード重視であるため、行政の縦割りが平常時よりも強くなります。道路と目の前の公園のそれぞれの担当部署が、ほとんど調整することなく検討が進んでしまう状況があり、これでは良いまちはできない。このような縦割りを超えるような仕組みを調べ始め、UDC のように都市デザインを市役所の内部で完結させない仕組み、市役所（公）が専門家（学）と市民（民）と一緒に議論する仕組みが良いと思いました。そこへ偶然 UDCM で専任スタッフの募集があり、応募したのがきっかけです。

Q. 今までの経験の中、人材の観点から大事と思うことは？

　現在の教育システムでは、まちづくりの現場で活躍できる人材をつくっていないと思います。例えば、公民学の多様な立場から総合的に都市のことを考えられたり、市井のおじちゃんやおばちゃんとの対話もできて都市計画制度のことも考えられるような、都市をめぐる様々な関係者の立場を理解しながら専門性を発揮するという感覚で人材を育てているところはないのではないでしょうか。一方で、人材を育てることも大事ですが、今ある人材をどう現場に配置するかという観点も重要です。その人の持つ特性をどうやって現場で活かすかという発想から、ミッションを設定する。これは主にマネジャーの役割になると思います。

Q. 具体的にマネージャーの役割は？

　ディレクターとは異なり、マネージャーは、大局的に状況を見定め、活動を次のステップへ進めるために必要な人材とその専門性を判断し、思い切って進めることが最も重要だと思います。UDCM の場合、東大の羽藤英二先生が、その役割を担っています。私がいる間には、私を含め都市デザインの現場力が必要とされましたが、これからはビジョンの策定期という第 2 フェーズに入るため、各種データの活用ができる人材をディレクターとして雇用しています。

駐する UDCM の専任スタッフ（教員）の 4 人を雇用している。その他にも、副センター長（愛大兼任）、非常勤ディレクター（国土交通省や民間の方）、アルバイトとして学生（学生補助員）約 40 名が関わっている（図 3・2、表 3・1）。

　2019 年度からは、金銭的な収支の伴う事業実施のために必要性を感じ、任意団体でありつつ愛媛大学の会計基準に則る UDCM と別に、「松山アーバンデザイン

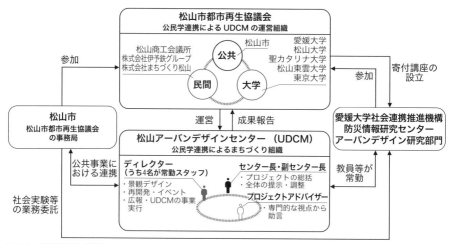

図 3·2　組織体制と役割

活動エリアの特徴	地方、中心市街地、商業・業務地域
都市計画上の位置づけ	松山市中心市街地活性化基本計画、まつやま圏域未来共創ビジョン
組織の位置づけ	任意団体 ※松山アーバンデザインネットワーク：NPO
法人設立年	2014 年　（※ 2019 年）
資本金等	無し
会員構成	無し
職員数	センター長 1 名（非常駐・兼任）、副センター長 2 名（非常駐・兼任）、 ディレクター 4 名（常駐・専任）、その他常駐スタッフ 3 名（専任）、 その他非常駐スタッフ 18 名（兼任）、学生スタッフ 22 名 （2020 年 7 月現在）

表 3·1　基本データ

ネットワーク UDNM」注1) という NPO を立ち上げた。代表は UDCM の副センター長であり、UDCM のメンバーが事務局になりながら、外部からの視察事業の受け入れなどを展開している。ここで得られた資金を基に、まちづくり活動を支援しており、例えばアーバンデザインスクール（まちづくり市民講座）によって立ち上がったまちづくり活動を、スクール卒業後にも継続できるように支援する仕組みを構築した。

Phase 2　事業実施——まちをつなぐコミュニケーションの媒体役

　2014 年に UDCM が設立されると、直ちに地域ビジョンの作成に取り組んだが、

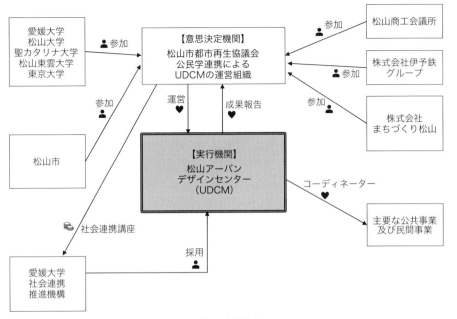

図3・3　松山アーバンデザインセンター（UDCM）の事業構造

市内部の調整がうまくいかず、策定は断念された。まずは市の希望する仕事を受ける形で始動した。例えば、市の発注先である設計事務所やコンサルタントと地元をつなぐコミュニケーションの媒体役として、地元へのリサーチが十分ではない時に、UDCM がその現場に入り、エリアの特徴などを伝える役割を担う。そのように、公共空間に関するデザイン関連事業では、UDCM は直接市の発注先になるのではなく、官と民の間をつなぐ役割を果たした。

　そうした約3年間の公共空間のデザイン成果が市民の目に触れると、2017年頃からは、道後温泉旅館組合から UDCM への業務依頼がくるなど、官だけではなく、パブリックマインドの高い民間団体からも声がかかるようになった。彼らと連携しながらまちの様々なデザインに対する専門家集団として、UDCM が位置づけられるようになったのだ。UDCM は任意団体であったため、契約事項は愛媛大学が窓口となる。そのため、業務を直接受けるのではなく、他の民間（設計事務所やコンサルタントなど）と連携し、専門家としてまちづくりの観点からアドバイスをする。ボランティア的な形であるため、UDCM の中立的な立場を維持することができ、一方、パブリックな立場からの助言となるため、うるさいと思われていたケースも

図3·4 地域をコーディネートする様子

あっただろうという。

　基本的にUDCMは、大きく4つの役割（①創る・②交わる・③学ぶ・④発信する）を基に事業・活動を実施している（図3·3、3·4）。

①創る：空間デザインマネジメント

・中心市街地における公共施設や公共性の高い民間施設の良質な都市形成に向けたマネジメン<small>（提供：UDCM）</small>

・将来都市ビジョンに関する研究・検討

・道後温泉地区の活性化関連検討

・伊予鉄道松山市駅及びJR松山駅の駅前広場や周辺市街地のハードデザイン・景観ルールへのアドバイス

・整備後の利活用及びマネジメントに関する検討

②交わる：賑わい創出

・フリースペース（もぶるテラス）と広場（みんなのひろば）の社会実験（2019年まで）

・花園町通りのフリースペース（もぶるラウンジ）と歩行空間活用

③学ぶ：まちづくりの担い手育成

・市民講座「松山アーバンデザインスクール」の実施

④知る：情報発信

・フリーマガジン及びラジオ番組の制作等

　2017年9月には、花園町通りが竣工し、道後温泉に飛鳥乃湯泉という温泉施設ができた。また花園町通り^{注2)}では広場のように広い歩道が、飛鳥乃湯泉では中庭と呼ばれる道路に面した広場空間が生まれた。UDCMではこれらの公共空間の活用に向けて、市民活動を呼び込むツールの開発プロジェクト「移動する建築」を立ち上げた。全国コンペでデザイナーを選定した後、ワークショップでは実際に「移動する建築」を参加型で制作して行った。花園町通りには、子供たちの遊び場とマルシェの店舗、両方に応用できる屋台が実現した。飛鳥乃湯泉中庭では、雲のような浮遊屋根を設え、温泉街で寛ぎながら楽しめる非日常的な空間を実現している（図3·5、3·6）。

図3・5　移動する建築「まちを旅する4つの屋台」
（提供：UDCM）

図3・6　移動する建築「街の中の雲」
（提供：UDCM、撮影：元屋地伸広）

　また2018年には、駅前の公共空間整備も進められ、松山市駅と松山駅の2つの駅前広場の整備計画が一段階具体化した。広場空間の利活用を含めたエリアマネジメントとして、広場周辺の商店の方々と勉強会を始めるなど、主体意識の醸成に取り組んでいる。そこではエリアマネジメントについて学んだり、広場空間をどう活用したらいいかを議論したり、市が抱いている駅前広場の整備イメージに対して意見交換を行ってきた。更に既存建物の建て替えがありえる民有地に関しても、広場に面した一階部分のデザインや2・3階テラスの設置などを議論する場を設けている。

Phase 3　ビジョンづくり──「松山都市ビジョン2060」の作成へ

　2018年から「松山都市ビジョン2060」として、公民学連携でのビジョンづくりが再スタートした。2060年に向けたまちの変化を多角的に考えるために土地利用、交通、景観、防災、産業、医療福祉、文化政策など、多分野の専門家と連携しながら取りまとめ、最終的には松山市に提言する形になる。

　約3年間の事業活動でUDCMが何をしてきたか、どこに向かっているのかを示し、民間を含め市民に理解してもらうためにも、ビジョンの必要性を感じると尾﨑さんは語る。

　「UDCMでは様々な活動に取り組んでいるが、それゆえに周囲からは、何をやっているのかがはっきりしないと見えていると思う。UDCMの掲げる将来都市ビジョンのような、目標像が示されていないことも大きな要因のひとつ。そのため、今後、市役所だけでなく市内の産業界の方々ともよく話をしながら将来都市ビジョンをつくることは極めて重要だと思う。ただし、いくら良いビジョンを描いたとしても、足元の街が変わっていかないと意味がない。特に、街のことは行政に任せっき

りで、自分は関係ないと思っていらっしゃる市民のマインドを少しずつ変えていきたい。私のUDCMでの3年間はそこへ風穴を開けようと足掻いた3年間だったのではないかと思う。市民力のようなものをいかにつけるかということと、ビジョンを描くことを同時にやっていかないといけないのではないかと思う。自分たちでまちのマネジメントをできるようにならないと、なかなか空間の価値が引き出し切れない、続かないのではないか。エリアマネジメントに向けて地域の人々がどれだけ主体性を持てるかが大事。自分たちでできることをひとりひとりがちょっとずつ増やしてやるモデルでないと難しい」。

Phase 4　事業評価──中心市街地の賑わい再生社会実験

「みんなのひろば」と「もぶるテラス」

　UDCMでは、松山市の中心市街地賑わい再生社会実験の一環として設置された「みんなのひろば」と「もぶるテラス」の運営を担っていた（図3・7、3・8）。まちなかの低・未利用地としてコインパーキングと空き店舗の空間を広場や交流スペースに転用し、様々なイベントを実施することで、①賑わい再生に向けた効果的・持続的な仕組み、②中心市街地の居住環境改善の、2つの観点から評価を行った。まず、ひろば・テラスの設置前後で周辺道路の通行量が、銀天街の北側の道路が3.5倍、ひろば前面道路は3.3倍に増加している。次にアンケート調査では、回答者の5割が「ひろば・テラスができて非常に良かった」と回答しており、特にひろば・テラスが「子育て世代がまちで過ごすために重要」との回答が多い。また、回答者の6割が、「まちなか居住の魅力が向上した」と回答しており、「まちなかでの滞在時間」や「外出頻度」が増えたと感じた回答の割合

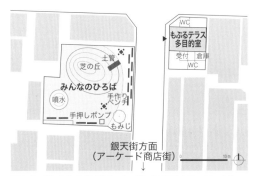

図3・7　「みんなのひろば」と「もぶるテラス」マップ

（提供：UDCM）

図3・8　花園町通りのイベントの様子

（提供：UDCM、撮影：宮畑周平）

が約4年間で2倍増加した。中心市街地の賑わい再生への効果だけではなく、居住環境の改善にも良い効果をもたらし ている。この2つの場所は民地を借りてやっていたため、約4年間の社会実験が終わった後は以前の土地利用に戻されているが、広場や交流スペースがあることで、周辺エリアに良い効果があることが明らかとなり、今後の公共空間の整備にこの知見を活かしていく予定である（図3・9）。

（執筆：宋俊煥）

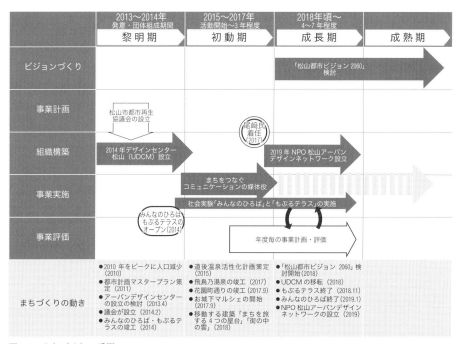

図3・9　まちづくりの系譜

注釈
1）　松山アーバンデザインネットワーク（UDNM）は2020年10月に一般社団法人化された。
2）　花園町通り：伊予鉄道松山市駅と松山城公園を結ぶ全長約300m（幅員40m）の道路であり、松山市は、「みんなで歩いて暮らせるまちづくり」を表明し、花園町通りの道路空間の再配分・高質化・利活用に関する検討が行われ、車道と歩道空間構成の再編を実現し、でき上がった歩道内の広場的空間を用いた利活用が積極的に行われている。

参考文献
・尾﨑信（2019）「歩行者のための都市づくり——松山市——」『造景 2019』pp.62–69
・尾﨑信（2020）「松山アーバンデザインセンター［UDCM］UDC の四つの役割：つくる・つかう・つかい手をそだてる・つたえる」『造景 2020』pp.157–158
・小野悠・尾崎信・片岡由香・羽鳥剛史・羽藤英二（2019）「地方中核市におけるアーバンデザインセンターの実践——松山アーバンデザインセンターを事例に——」『日本建築学会計画系論文集』84 巻、755 号、pp.167–177、日本建築学会
・松山アーバンデザインセンター HP、湊町三丁目「みんなのひろば」と「もぶるテラス」の効果検証（2020.3 最終閲覧）

【CASE3 の論点】

Q1 松山においては、公民学が連携して都市デザイン・マネジメントに取り組むこととなり、いくつかの組織が設立されてきました。また、花園町通りや松山市駅周辺などの既存の商店街関連組織も複数存在しています。この考え方やステークホルダーを整理し、都市デザインの専門集団としての立場を持ちつつ、今後の組織間連携を深めるためには、あなたならどのように改善するか検討してください。

Q2 UDCM は、都市デザインの専門家集団として市民から認知されるようになり、松山市の整備事業や社会実験のみならず、市内のさまざまな場所の民間団体から建築や場のデザイン・利活用に関する相談が舞い込むようになりました。都市デザインに重点を置きながら実施するエリアマネジメントの「専門性」とは、何でしょうか？この事例から読み取れることを整理し、それ以外に何が必要か考えてみてください。

Q3 UDCM では、まちの方向性を共有するためにビジョンづくりを行っていますが、それと同時に、こういった活動が市民自分らのまちのためであることを認識することが重要です。市民力を醸成していくには、UDCM ではどうやっていけば良いか考えてみてください。

CASE 4 多治見まちづくり株式会社
岐阜県多治見市

空き店舗活用によるにぎわい創出と広場の運営

虎渓用水広場

たじみレンタサイクル

たじみビジネスプランコンテスト

多治見 TMO メンバー

ヒラクビル

(写真全て提供：多治見まちづくり㈱)

[エリアの特徴] ＃中心市街地 ＃駅周辺 ＃商業・住宅
[事 業 の 特 徴] ＃収益 ＃拠点運営 ＃空き店舗活用 ＃広場空間活用
[人 材 の 特 徴] ＃外部人材 ＃若手

I. エリアの特徴とまちづくりの背景

焼き物文化とともに発展してきたまち

　多治見市は岐阜県の南東に位置し、豊かな自然と水源に恵まれ、伝統ある美濃焼の産地として発展してきた、人口約 11 万人の東濃地方の中核都市である。

図 4·1　多治見駅周辺

図 4·2　商店街の方たち　　　（提供：多治見まちづくり㈱）

鉄道は JR 中央本線、太多線、高速道路は中央自動車道、東海環状自動車道が通り、近隣の都市とのアクセスに優れている。

名古屋市のベッドタウンとしても知られ、「美濃焼のまち」と「住宅都市」の 2 面性を持つ。

多治見まちづくり株式会社（以下、多治見 TMO）は、JR 多治見駅とその南に位置するながせ商店街周辺を主なエリアとして活動をしている（図 4·1）。

商店街の衰退と
まちづくり会社の設立

多治見駅から土岐川を挟んだ南東の位置に、明治初期から昭和初期にかけて建てられた商家や蔵が残る「本町オリベストリート」と呼ばれるエリアがあり、現在も古い商家を改装した店が並び、まちの中心として栄えていた。

その一方で、多治見駅と本町オリベストリートを結ぶ位置にあるながせ商店街では、昭和 40 年代に開業した大型店が撤退。シャッターを閉める店が増えるなど、商店街の衰退が課題となっていた。こうした状況を打開するため、商店街リーダーの強い呼びかけにより民間事業者からの出資が集まり、多治見市もその熱意に応える形で出資し、2001 年に多治見 TMO が設立された（図 4·2）。

2. エリアマネジメントのプロセス

Phase I　組織構築——外部人材の採用

そのような背景で設立された多治見 TMO であったが、すぐに予定していた事業に取り組むことができなかった。当初は市営駐車場の管理運営による収益を事業基盤とすることを予定していたが、その管理運営事業の話が頓挫してしまい、想定し

ていた資金の流れが閉ざされてしまったのである。それにより設立から約7年間は、当初見込んでいた成果を出せない状況が続いた。

2009年になり大きな方向転換がなされる。会社を畳むか残すかも含めた検討が行われ、代表取締役が交代。中心市街地活性化にかかる調査事業を行政から受託し、同時に会社として初となるプロパー社員としてまちづくりのノウハウを持った外部の人材を採用。これにより少しずつまちづくりが進んでいくこととなる。

しかし課題も多く、民間事業者からの出資など地元からの期待を受けて設立されたが、約7年間停滞していたこともあり、中には出資金を返してほしいという話もあるなど、地域の意欲も低下しているところからの再スタートとなった。

Phase 2　ビジネスプラン──経験・人脈や資金源のための事業への意識

多治見TMOの大きなミッションとしては、①商業活性化と②地域環境の改善の2つがある。①では、空き不動産を魅力的な店舗などにすること、まちなかの魅力的なものを発信し来街につなげること、地域の意識の変化を促すことに、②では、エリアに「楽しい」「便利」「安心」などの価値を追加することや、ハード整備や産業色を出したソフト企画などによる多治見らしさの強化に取り組む。

また、事業の目標としては、①「市民の楽しみ」を提供するまちなかと②挑戦、新たなビジネスの場の形成を目指している。それぞれの指標として、①では、参加できる機会数と参加数と参加者満足度、直営店への来客数と売上、歩行者交通量を、②では、新規出店数、開業数、支援数を掲げている。

それだけではなく、事業のあり方についても、①本来必要な事業・地域に貢献する事業、②経験や人脈づくりとしてメリットのある事業、③資金源として必要な事業の3つを意識している。それにより、本来必要な事業以外の事業についても組織として取り組む意義が明確になっている（表4・1、図4・3）。

Phase 3　事業実施──自分たちが呼び水となってにぎわいを創出

まずはじめに、行政からの補助事業である空き店舗を活用したクラフトショップの開設に取り組んだ。多治見市に作家はいるが販売店舗を持っておらず、まちなかで買える場所が少なかった。その課題を解決する場として空き店舗を活用して「クラフトショップながせ」が開設された。開設にあたっては、プロパー社員も多治見市職員とともに空き店舗のペンキ塗りや施設の周知に取り組んだ。外部人材であるプロパー社員が自身や会社の動きをまちの人に知ってもらうよう努めたことはまちづくりを進めるポイントのひとつといえる（図4・4）。

次に取り組んだのがカフェの運営だった。会社として事業を継続するためには収

地方都市・郊外の市街地

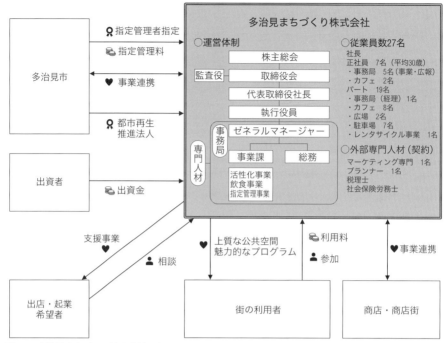

図4・3　多治見まちづくり株式会社の事業構造

活動エリアの特徴	駅周辺、商業・住宅
都市計画上の位置づけ	都市計画マスタープラン／中心市街地 立地適正化計画／都市機能誘導区域
組織の位置づけ	都市再生推進法人（2018）
法人設立年	2001 年
資本金等	150 万円
職員数	27 名（社長 1 名、正社員 7 名、パート 19 名）

表4・1　基本データ

　益を生み出していく必要があり、一方で、近隣の施設で夜に集まって話し合いをする場所が少ないという課題もあった。そこで、空き店舗を活用して夜でも集まってまちのことについて話すことができる場所を自分たちでつくってしまおうと「カフェ温土」をオープン。改装費用は、資本金の一部を中心市街地活性化へ投資することを会社役員や出資者に説明し認めてもらい、従業員を雇用する費用は、活用できる支援制度について岐阜県と相談し確保した。

　カフェの運営は、商店街で会議をする場所がなかったこともきっかけのひとつで

図4·4　クラフトショップながせ
（提供：多治見まちづくり㈱）

図4·5　カフェ温土　　　　　（提供：多治見まちづくり㈱）

始まった事業だが、コミュニティカフェとしてだけではなく、カフェとしてしっかりと収益をあげていくことも目的としている。地元の陶芸家の陶器で食事ができることや陶芸工房の併設により他のカフェとの差別化を図ることで、純粋なカフェとしても人気となっており、オープンから数年後には支援を受けずに従業員を雇用する売上をあげている。また、空き店舗をどのように活用し、まちににぎわいを創出していくかをショーケース的に見せる役割もあり、まちづくり会社としてのスタンスをまちに示す事業としての位置づけも大きい（図4·5）。

　こうした空き店舗の活用については、その当時、商店街に新店舗を誘致したいという考えはあったが民間投資を見込める状況になかったため、まずは多治見TMOが呼び水的に投資をすることでその後の店舗誘致につなげたいという想いがあり、自主事業として取り組み始めたという。その結果、多くの来街者を獲得しまちににぎわいが生まれ、新たな店舗が開業するなど商業活性化に大きな成果をあげている。

　2014年12月に多治見駅の北側に「多治見市駅北立体駐車場」がオープンし、多治見市から指定管理業務の委託を受け、多治見TMOが管理運営を行っている。これにより、安定的な収入を得ることができるようになり、これまで緊急雇用制度などの補助を受けて雇用していたため期限付きの採用となっていたスタッフを、継続的に雇用することが可能となった。現在、社員の平均年齢は約30歳と若い。「社員はそれぞれ守備範囲が違う。商店街の『孫』という感じでかわいがられる人もいれば、地域の名士にも一目置かれ、通しづらい話もきちんと通してくれる存在もいます。自分はカルチャー側で、地元でイベントをやっている人とつながるのが得意というようにバランス良く振り分けて動いています」と多治見TMO広報企画係長

（取材当時）の岡部青洋さんは語る。

　このように雇用状況の改善や安定した収入により財政面で余裕が生まれたことで、新たな事業に挑戦しやすくなったことも様々な事業を展開できる要因のひとつといえるだろう。

　多治見市からの指定管理業務としては、2016年に完成した「虎渓用水広場」の管理運営も担っている。こちらも多治見駅の北側に位置し、駅前の広場とは思えない水と緑に溢れる空間となっている。2018年には、一般社団法人国土政策研究会の「まちなか広場賞」の大賞を受賞するなど注目を集めている空間だ。

　しかし、虎渓用水広場の指定管理業務の委託を受けることに必ずしも積極的というわけではなかった。その理由のひとつに、虎渓用水広場の位置が、多治見TMOが主な活動エリアとしている商店街のエリアとは多治見駅を挟んで反対側に位置していることがあった。かつては「駅裏」と呼ばれていたエリアで、多治見駅は貨物の駅が併設している橋上駅であるため精神的距離が遠いこともあり、広場の利用が中心市街地での消費につながるイメージがしづらかった。多治見市役所駅北庁舎や広場の完成などにより、駅の北側のイメージも変わってきているが、広場の活用を商店街のエリアへの貢献にどのようにつなげていくかが課題だという。

　広場の管理運営は、多くの人に活用してもうらための工夫をしながら行われている。地域の方たちによってイベントなどの様々な使い方がされており、人の集まる空間としてまちなかを訪れるきっかけのひとつにもなっている（図4·6）。

Phase 4　事業評価——課題への対応と新たな事業の展開

　空き店舗の活用や広場の運営を行うことで、まちに魅力的な店舗が生まれ、地域の人が楽しめるイベントが行われるなど、商業活性化や地域環境の改善が図られてきた。一方で、多治見市による出店者家賃補助を受けるなどして、まちに新たに出

岡部青洋さん(38)　東美濃ビアワークス株式会社カマドブリュワリー 取締役

（提供：ハナタロウ商店）

陶器が好きで多治見市にもよく遊びにきていたという岡部青洋さん。東京都内の大学を卒業後、地元でまちづくりをやりたいと考え、静岡県内の大学院に進学しまちづくりに携わる。その後予備校の職員を経て、虎渓用水広場の開設に伴う採用で多治見市に移住。多治見TMOでは、広場の企画・運営などの様々な事業を担ってきた。
現在は岐阜県内でブリュワリーを経営。民間のプレイヤーとしてまちづくりにも関わる。

Q. 人が集まる・人に使われる広場運営のコツは？

　広場の運用にあたっては、単純に人が集まれば良いという考え方ではなく、地域の人に使ってもらうことを意識しています。はじめの2年間は、広場の使い方のモデルをつくっていくことを意識した企画を実施して関わる人を増やしました。その後の2年間では、関わってくれた人の中から広場を利用する主体として育ってくれそうな人をサポートしてきました。それにより地域の人が自分たちでイベントを開催するといった、広場を使ってもらう流れをつくってきました。管理運営だけでなく、時には広場の利用者どうしをつなげることも行っています。柔軟な対応ができることもまちづくり会社が広場を運用することの特徴かなと思います。

店してくれた店舗が数年で閉店してしまい、入居者が頻繁にかわる建物が生まれるという課題もあった。補助期間が終了するまでに独り立ちできず、店を畳むしかなくなる状況を変える必要を感じた多治見TMOは、出店・起業支援のあり方について多治見市に提案を行った。それにより、これまで出店者家賃補助に充てていた費用を「たじみビジネスプランコンテスト」という新たな事業に投入することとなった。

　商店街周辺の住民に対しては、商店街に来る理由や来ない理由などについて、ポスティングによるアンケート調査を実施。何があれば来るきっかけとなるかという質問には本屋やカフェが多くあがっていた。また、商店街の活性化を進めていく上で中心拠点となるような場所が欲しいと考えていたところ、商店街の中でも最も大きい建物のひとつであり以前は貴金属店だった建物の所有者から、なかなか入居者が入らないという相談を受ける。そこから、かつて商店街のシンボル的な存在であった建物の活用検討がスタート。建物をリノベーションし、本屋や喫茶店などを併設した複合施設「ヒラクビル」をオープンした。

地方都市・郊外の市街地

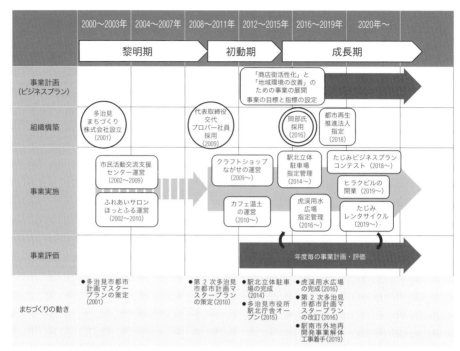

図 4・7　まちづくりの系譜

Phase 5　事業実施──新たなビジネスの場と楽しく便利なまちの形成へ

　多治見市の事業であるたじみビジネスプランコンテストでは、多治見 TMO が運営の一翼を担っている。この事業により、まちでの起業の機運が高まりをみせている。初代まちなかグランプリの獲得者は、新町ビルで陶器のセレクトショップをオープンさせた。「とてもカッコいいリノベーションビルで、まちづくり会社とは違うカラーの人が拠点をつくることでその通りのカラーをつくっていくことが、新しいまちづくりの潮流になるんじゃないかと思っています」と岡部さんはまちづくりへの期待を語ってくれた。

　ヒラクビルの整備には駐車場事業による財源を投入。地域の方に愛着を持ってもらう取り組みとしてワークショップを実施し、地域の方にリノベーションに参加してもらった。シェアオフィスやレンタルルームも併設し、地域の人の新たな交流拠点として機能している。ヒラクビルの整備を契機に、ビルの開業前後3ケ月に近隣に4店舗が開業するなど、まちへの波及効果も現れている。

　また、新たな取り組みとしてレンタサイクル事業「たじみレンタサイクル」が始

まった。駅北立体駐車場などにあるサイクルポートで自転車を借りることができ、市内店舗や観光スポットが協力店として登録され、観光客をサポートする仕組みとなっている。海外の有名メーカーの自転車も用意されており、まちなかの散策がさらに楽しく、便利なものとなるだろう（図4・7）。 （執筆：前川誠太）

【CASE4 の論点】

Q1 民間出資によって設立されたまちづくり会社でしたが、当初はうまくいかず一部からは出資金の返還を求められる危機的状況に陥りました。そこからどのように脱却していったのでしょうか？ 特に、どのように収益を確保し、地域に還元させているのかという視点から、事業モデルを整理してください。そのモデルは、どのように改善できるでしょうか？ 考えてみてください。

Q2 広場の活用はまちにどのような影響を与えるでしょうか。また、広場の活用を商店街エリアへの貢献につなげる仕掛けとして、あなたなら何をしますか？

Q3 多治見 TMO では外部人材の採用を行われましたが、その当時の状況ではどのような人材が求められていたと考えられますか。また、新たな事業を展開し組織の成長を図る段階において求められる人材はどのようなものでしょうか？ それぞれの能力や人物像を考えるとともに、地域で発掘・育成するための手法について考えてみてください。

CASE 5 株式会社街づくりまんぼう
宮城県石巻市

施設管理から震災復興を経てまちの仕組みづくりへ

日和山公園から眺める石巻市街地の様子

（提供：㈱街づくりまんぼう）

[エリアの特徴]　#中心市街地　#地方都市
[事 業 の 特 徴]　#収益　#拠点運営　#河川空間活用　#民地活用
[人 材 の 特 徴]　#外部人材　#次世代（若手）

　東日本大震災から10年。石巻市の中心市街地は、新しく整備された公共施設や再開発による複合施設が立ち並び、津波で被災した街の面影はもうない。今年で設立20年を迎える、株式会社街づくりまんぼう（以下、街づくりまんぼう）は、震災以前から取り組むマンガを活かしたまちづくりを継続しながら、震災後の中心市街地の新たな可能性を広げる活動をしている。

I. エリアの特徴とまちづくりの背景

中心市街地の空洞化

　石巻市は、仙台市から電車で約1時間、人口約14万人を要する都市で宮城県内

第2の都市と言われている。石巻市の中心市街地は、石巻市役所・JR石巻駅から石ノ森萬画館がある旧北上川に浮かぶ中瀬公園を含む約56.4haとなっている（図5・1）。

石巻市は漁業や水産業、造船業、製紙業が盛んで、海と共に発展をしてきた街である。

1980年代後半、モータリゼーションの進展に対する中心市街地の道路や都市基盤整備の立ち遅れ、郊外型店舗、大型店の郊外立地などにより「まちの顔」である中心市街地の空洞化が顕著になった。そこで地元商店や事業を営む有志が集まり、中心市街地の活性化に向け、宮城県出身である石ノ森章太郎氏に起因したマンガによるまちづくりを推進するための市民運動を立ち上げたのだった。そこから石巻市は1996年に「石巻マンガランド基本構想」を作成し、2001年に石ノ森萬画館（以下、萬画館）を建設。萬画館の建設と並行して、管理・運営と中心市街地活性化活動を行うための「株式会社街づくりまんぼう」が設立された。

図5・1　石巻中心部エリア
（出典：第3期 中心市街地活性化基本計画より作成）

石巻市には中心市街地から4〜5km離れたところに三陸自動車道石巻河南ICがあり、周辺には、ロードサイド店舗や新興住宅地が広がっている。ICに隣接する大型複合ショッピングモールには、週末になると他県からも多くの人が訪れ、徐々に中心市街地からは人が減り始め、都市の重心が中心市街地から郊外へと移り始めてきていた。

そこで再び中心市街地へ賑わいを取り戻そうと、2011年に石巻市中心市街地活性化基本計画が認定され、再び中心市街地へのまちづくりが始まったところだった。

石巻を襲った未曾有の津波被害

「中心市街地にもう一度重心を移していこう、というところでの震災でした」。街づくりまんぼうの苅谷智大さんは語る。2011年3月11日に起きた東日本大震災。マグニチュード9.0、震度6の激しい揺れに加えその後襲来した津波は最大8.6m以上を記録し、中心市街地の多くの商店や住宅が被災した。中心市街地では長期にわたって都市機能が停止し、人々の生活の場を中心市街地から離れた内陸へとさら

に移す後押しをすることになってしまった。「中心市街地に近い沿岸部の多くが災害危険区域となりました。人が住めなくなってしまい、一層求心力を失った中心市街地でこれからどういうまちづくりをしていくのかというところが問われました」と苅谷さんは当時を振り返る。防災集団移転促進事業[注1] により、被災した方々の住む場所として、海から離れた内陸部の市街化調整区域であったところに住宅や商業施設や事業所などが移され、人の生活環境の移動とともに中心市街地の賑わいが失われていった（図5・2）。

「震災後まちの中は、本当には滅茶苦茶な状態でした。そういう中で、改めてまちの人たちと中心市街地のまちづくりの将来について考え始めたのが、ターニングポイントだったのだと思います」。震災前まで街づくりまんぼうの業務の主軸は、どちらかというと萬画館の運営業務が主となっていたという。しかし、震災を契機に「中心市街地の将来を見据えた新たなまちづくり」すなわち"石巻ならではのエリアマネジメントの仕組み"をつくっていくための検討を始めたという。他都市のやり方をコピーするのではなく、石巻の中心市街地全体で「ひと・もの・かね」をどう循環させることができるのか考えていきたいと苅谷さんは語る。

2. エリアマネジメントのプロセス

Phase 1　ビジョンづくり・事業計画
──マンガによるまちづくりの推進。石ノ森萬画館の建設

　1996年、石巻市がマンガランド基本構想を策定し、地元企業の事業者の人たちや青年会議所メンバーなど若手が中心となって、石巻にゆかりのある石ノ森章太郎氏のキャラクターを活用したマンガ美術館をつくることで集客による中心市街地の活性化を目指そうと活動を推進し、市民による署名活動などが行われた。石巻市ではそれらを受け、様々な議論や検討を行った結果、萬画館の建設が決まった。そして、指定管理者制度を活用し地元で運営していくことを条件に2001年に萬画館が竣工したのだった。

Phase 2　組織構築──萬画館の運営からイベントまで中心市街地の活性化を担う
まちづくり会社設立

　2001年2月、石巻市で整備した萬画館を運営する第3セクターとして、地元の商店主や地元事業者が中心となり株式会社街づくりまんぼうを設立した。設立から20年経った現在のスタッフは23名。大きく「石ノ森萬画館運営部門」「販促部門」

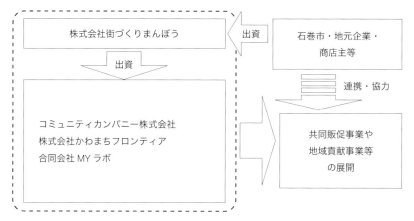

図 5・2 石巻市中心市街地におけるエリアマネジメント組織体制

（出典：石巻市『まちなか再生計画（平成 27 年』p.78 より一部修正)

活動エリアの特徴	中心市街地、駅周辺、商業
都市計画上の位置づけ	都市計画マスタープラン／都市核拠点
組織の位置づけ	株式会社、都市再生推進法人（2020 年指定）
法人設立年	2001 年
資本金等	6300 万円
職員数	23 名（常勤）

表 5・1　基本データ

図 5・3　事業部構成図

「まちづくり部門」の 3 つに分かれて事業を推進している。その中でも中心市街地の活性化を実践する「まちづくり部門」の担当は現在 2 名となっており、地域のステークホルダーとの意見交換やワークショップ、新たな事業創出のための場の運営、各種催事や商店街などとの連携イベントなどまちづくりに関する多くの事業を担っている（図 5・2、表 5・1）。

Phase 3　事業実施──中心市街地に「ひと・もの・かね」の循環をつくり出す

　街づくりまんぼうの事業は大きく分けて「①石ノ森萬画館運営部門」「②販促部門」「③まちづくり部門」の３部門で構成されている。「①石ノ森萬画館運営部門」は、石巻市が整備した萬画家・石ノ森章太郎の作品を中心とした日本最大級のマンガミュージアム「石ノ森萬画館」の指定管理者としての管理運営業務を行っており、年間18万人が訪れる石巻を代表する観光集客施設となっている（図5・3、5・4）。

　「②販促部門」では、石ノ森章太郎作品に関するオリジナルグッズの企画製造販売を行っている。グッズは、萬画館内のグッズショップに加え、他の小売店や石巻駅、ネットショップなどでも販売を行っている。「指定管理料や観覧料だけでは会社の事業収入としては当然足りないので、オリジナルグッズを企画製造し販売しています。他の場所でも購入してもらえますが、やはり萬画館の中での売上が一番大きいです」と苅谷さんは言う。萬画館の指定管理者として運営することで、館内のオフィシャルショップでオリジナルのグッズを売れるということが大きな収入源になり、会社の支えになっている（図5・5、5・6）。

　「③まちづくり部門」では、中心市街地活性化部門などが中心市街地のまちづくりに関する事業に取り組んでおり、震災をきっかけに「ひと・もの・かね」を中心市街地に循環させていく流れを、地域と連携してつくっていこうと動き出している。震災直後、苅谷

図5・4　石ノ森萬画館

図5・5　萬画館グッズ売り場

図5・6　グッズ売り場のオリジナルグッズ

苅谷智大さん(35)　株式会社街づくりまんぼう　まちづくり事業部課長

名古屋市出身。仙台の大学でまちづくりを専攻していた際、東日本大震災を経験。震災復興をきっかけに石巻に関わり、Iターン移住。2015年株式会社街づくりまんぼうに入社。その後、石巻の中心市街地に関わる様々なまちづくりプロジェクトに従事。

Q. 街づくりまんぼうに関わるきっかけはなんですか？

　私が仙台の大学院を卒業する3月に東日本大震災がありました。卒業後は博士課程に進学する予定で、その時に被災し当時所属していた研究室の先生や仲間と、何か被災地で手伝えることがないかと考えていました。調べてみると、石巻に「街づくりまんぼう」というまちづくり会社があるということでヒアリングをさせてもらったのが石巻に関わることになったきっかけです。

Q. 石巻のまちづくりに関わる中で喜びを感じるのはどんな時ですか？

　結果ももちろんですが、何か新しいことを考えたり、こうしたらうまくいくんじゃないかとか、みんなで企画しているプロセスが一番楽しく喜びを感じる時間です。

さんが街づくりまんぼうの手伝いとして石巻に関わり始めた当時、有志の人たちに集まってもらい、復興を踏まえた中心市街地全体のまちづくりに関するビジョンづくりを始めた。その後、石巻市も巻き込むかたちで、行政が行うインフラ整備や街中で進む様々な民間主導の再開発などと連携し、将来のまちを地域の有志の人たちで想像しながらビジョンをとりまとめた。同時に、復興のためにいち早くアクションに移していくことも求められた（図5・7）。

　そこでつくられたのが「橋通りCOMMON」だ。中心市街地の中心に位置し、被災し更地になってしまった民地を借り受け、コンテナや屋台を配置するチャレンジショップや飲食スペースなどが入居する賑わいスペースとして2015年の4月にオープンした（2020年10月に一旦閉場）。さらに「橋通りCOMMON」で事業をスタートさせた事業者が卒業し、その後中心市街地に店舗を構えるなど、まちの飲食インキュベーションスペースとしての機能も担っている。苅谷さんはそこで「部活動」という活動も行っている。個人の趣味をひとりでやるのではなくまちのみんなで楽しもうという活動で、年に数回のイベントやワークショップ、打ち合わせなどを行っており、そこから生まれる人とのつながりが重要と話す。「普段、事業ありきで人とつながっていくことはあまりないですね。趣味やプライベートでつながった人と、ちょっと新しいことを一緒にやってみませんか、というつながりから事

地方都市・郊外の市街地

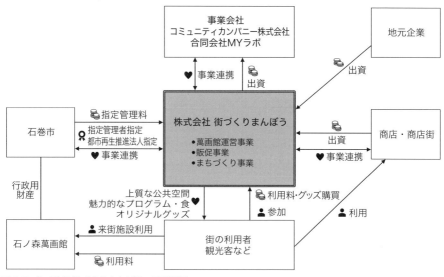

図5・7　株式会社街づくりまんぼうの事業構造

業に結びついていくことが多いです」。

　地域の人と検討しながら実行する、まさしく考えながらみんなで走り続けた10年だったと苅谷さんは語っていた。現在、中心市街地の都市基盤整備はほぼ終わりつつあり、その後の維持管理、運営をどうしていくかという段階に来ている。「ハード整備はほぼ完了したと言っても良いと思います。そこで今もう一度、中心市街地全体を見据えどう動かしていくか、どう若い新しい人たちに入ってきてもらうか、というまち全体の運営について考えるフェーズに入ってきています」と苅谷さんは語る。

　そんな中、これから街づくりまんぼうが目指す取り組みの大きな柱として「エリアマネジメントの体制づくり」を据えており、2020年5月には、石巻市初の都市再生推進法人として指定されたことで今後の活動の幅を広げていくことを目指している。都市再生推進法人として、北上川の石ノ森萬画館の対岸に整備された水辺と緑の遊歩道（プロムナード）の管理運営を担い、賑わいの場として周辺の商店街や事業者に一体で活用してもらうことで、活動やつながりを広げていく場所へと転換させ「ひと・もの・かね」を中心市街地全体に循環させていく狙いだ（図5・8）。

Phase 4　事業評価——貨幣換算できないエネルギーこそがまちづくりの原動力

　現在の街づくりまんぼうの事業は、萬画館の指定管理料やグッズの販売などが収

図 5·8　水辺と緑の遊歩道（プロムナード）

図 5·9　イベントの様子　　(提供：㈱街づくりまんぼう)

地方都市・郊外の市街地

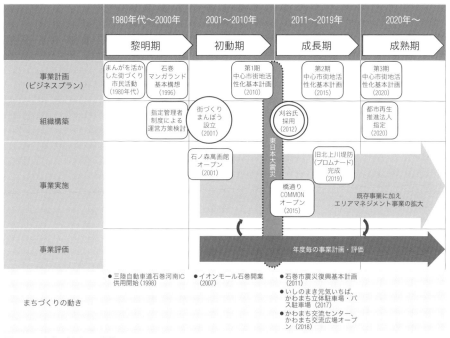

	1980年代～2000年	2001～2010年	2011～2019年	2020年～
	黎明期	初動期	成長期	成熟期
事業計画（ビジネスプラン）	まんがを活かした街づくり市民活動(1980年代)　石巻マンガランド基本構想(1996)	第1期中心市街地活性化基本計画(2010)	第2期中心市街地活性化基本計画(2015)	第3期中心市街地活性化基本計画(2020)
組織構築	指定管理者制度による運営方策検討	街づくりまんぼう設立(2001)	刈谷氏採用(2012)	都市再生推進法人指定(2020)
事業実施		石ノ森萬画館オープン(2001)	旧北上川堤防（プロムナード）完成(2019)　橋通りCOMMONオープン(2015)	既存事業に加えエリアマネジメント事業の拡大
事業評価			年度毎の事業計画・評価	
まちづくりの動き	●三陸自動車道石巻河南IC供用開始(1998)	●イオンモール石巻開業(2007)	●石巻市震災復興基本計画(2011)　●いしのまき元気いちば、かわまち立体駐車場・バス駐車場(2017)　●かわまち交流センター、かわまち交流広場オープン(2018)	

東日本大震災

図 5·10　まちづくりの系譜

益事業の中心となっているため、組織の評価としては、売上がどれだけあるか、赤字になっていないかが事業の評価指標となっている。しかし今後は、まちづくりに関する指標も積極的に検討していきたいと苅谷さんは話す。「エリアマネジメントとは、まちでの事業によってお金を生み出し、その収益を地域に再投資する、その循環によってエリアの価値を高めていく仕組みだと言われています。ですがまちづ

くりの実践を通して、石巻のような地方都市では、利益の再投資の循環をつくり出す事はなかなかハードルが高いと実感しています」という。地方都市においては、大都市圏と比べると人口規模や市場規模が小さいため、1つの事業を実施することで得られる収益が限られ、その中からまちづくりに還元できるほどの利益を見込むことは難しい。そこで、街づくりまんぼうで検討しているのが、収益を直接金銭でまちづくりに再投資していくのではなく、まちづくりに取り組む事で得られた、人と人とのつながりや実践の経験値、地域への愛着など、貨幣換算することができないエネルギーを、まちづくりの推進力に置き換えていく仕組みだ。

　例えば、河川空間へキッチンカーや屋台などを出店させその出店料からの利益のみで、ベンチを整備したり、何か新しいイベントを一から実施したりすることは現状難しい。しかし、河川空間を利用できる仕組みを整え、自主的にベンチをつくりたい、屋外で何か仲間とイベントをやりたい、など何かやりたい人が主体的に関わり実行できるフィールドをまちなかにつくっていくことで、活動によってまちに再投資されていく、という仕組みを目指している（図5・9、5・10）。

　街づくりまんぼうは設立から20年を迎え、震災復興を経て新たな段階に入っている。これまでは公共施設の指定管理者としての事業が中心だったが、この先のまちの将来を見据え、中心市街地で「ひと・もの・かね」を循環させるエリアマネジメントに取り組み始めている。震災復興で整備された空間をどう使いこなしていくか、さらに、関わった人の共感や幸福感を生み出し、まちづくりに落とし込んでいく仕組みをどうつくっていくか、石巻ならではのエリアマネジメントの挑戦が始まろうとしている（図5・11、5・12）。　　　　　　　　　　　　　（執筆：谷村晃子）

図 5・11　橋通り COMMON　　　（©Furusato Hiromi）

図 5・12　ワークショップの様子

（提供：㈱街づくりまんぼう）

注釈
1) 住民の生命などを災害から保護するため、住民の居住に適当でないと認められる区域内にある住居の集団的移転を促進することを目的として、市町村が行う住宅団地の整備などに対し事業費の一部を補助。地域の合意形成の下、地域まるごとの集団移転を行い、地域コミュニティの維持、防災性向上を実現する事業。

参考文献
・地域再生計画（平成 27 年 1 月認定）／石巻市
・石巻市中心市街地活性化基本計画（令和 2 年 4 月）／石巻市
・石巻市まちなか再生計画（平成 27 年 7 月認定）／石巻市
・株式会社街づくりまんぼう　ホームページ
・防災集団移転促進事業の概要／国土交通省ホームページ

【CASE5 の論点】

Q1 東日本大震災を経て、石巻市ならではのエリアマネジメントの検討が始まったとありますが、その考え方や事業モデルはどのようなものでしたか？　情報を整理するとともに、他にできそうなことや改善できそうなことを考えてみてください。

Q2 震災復興でつくられた空間を活かしつつ、中心市街地全体で「ひと・もの・かね」が循環させていくことが今後の課題だとありますが、何ができそうかアイデアを出してみてください。

Q3 石巻は、エリアマネジメントの効果として「地価の向上」ではなく、「活動の多様性や人とのつながり」を大切にして活動しています。特に地方都市において、エリアマネジメントの効果を図ることができる指標は他にどのようなものがあるか考えてみてください。

CASE 6　若者クリエイティブコンテナ(YCCU)
山口県宇部市

大学生が引っ張る小さな活動拠点

芝生イベント

(提供：若者クリエイティブコンテナ(YCCU))

[エリアの特徴]　#商住混在　#地方都市　#空き地　#空き店舗
[事業の特徴]　#広場空間活用　#グランドデザイン策定　#クイックアクション
[人材の特徴]　#大学教員　#大学生　#飲食経営者　#プレイヤー発掘

Ⅰ. エリアの特徴とまちづくりの背景

空洞化した市街地を魅力ある都市空間に再生する！

　宇部市は人口約16万人で山口県内第3の都市である。炭鉱業を起点として海底炭田の開発に伴って海沿いに南北方向に横長い市街地が形成された。主要駅である宇部新川駅に隣接した中央町エリアは面積約15ha、人口約800人（図6・1、6・2、6・3、6・4）。

　かつては工業地帯の後背地として栄えたが、産業構造の変化やモータリゼーションに伴って空洞化が進んでいる。大戦時の空襲で市街地の大半が焼失していたが、

図 6・1
中央町エリア図
(提供：若者クリエ
イティブコンテナ
(YCCU))

図 6・2　中央町全景と街並みの様子

図 6・3　盆踊りイベント

(図6・2〜4提供：若者クリエイティブコンテナ(YCCU))

図 6・4　アートギャラリー兼飲食店コンフリのリノベー
ション事業：山口大学岡松道雄教授＋YCCU

宋俊煥さん(39)　クリエイティブコンテナ代表、山口大学大学院創成科学研究科准教授

東京大学で特任研究員を務めていた宋さんは、2015 年 4 月に山口大学に着任。都心部で学んだエリマネをどう地方都市の実情に合わせて応用できるかを試しながら、現在はYCCU を拠点に宇部市中心部のまちづくりを支えている。

宋俊煥さん（前列右から二人目）と
YCCU メンバー

Q. YCCU 設立にはどのように関わっていたんですか？

　2015 年秋、山口大学が主導していた「まちなか再生ミーティング」というワークショップ（以下、WS）が始まり、そのお手伝いが入り口となりました。当時は若者が集まれる拠点づくりを宇部市は考えていました（採算面から実現せず）。WS の中で柏の葉にいた時に学んだアーバンデザインセンター（以下、UDC）について講演する機会があり、それがきっかけとなって宇部市に UDC をつくりたいという方向性が生まれたようです。2016 年から WS を任されて「若者が交わるみんなの場」という提言書を作成、翌年 I 月宇部市に提出しました。

　「多世代交流スペース」は 2016 年にはオープンしていましたが、当時は I 区画に子供支援センターが入っていました。2017 年度からその施設が移動することとなり、その空間の活用方法を模索するよう宇部市から打診があり、4 月には YCCU がオープンする運びとなりました。当初はエリマネの拠点をつくってまちづくりを推進しようというよりは、大学のまちなか研究室のようなイメージで「とりあえず始めてみた」というのが実際の空気感でした。まだ山口大学に着任したばかりで、学生を集めるのが大変だったと覚えています。

Q. どのようにしてまちのプレイヤーを見つけたのですか？

　ブライダル業界で働いた経験を持つ、江本翔一さんと出会えたのが良かったです。パパ友つながりで知り合いました。YCCU 発足時に開いたまちづくり座談会に声をかけて、今では彼がすっかり主役になっています。江本さんがいないとあらゆるイベントができないくらいの存在。宇部のまちづくり会社である株式会社にぎわい宇部ともかかわっており、「常スマ！TOKiSMA（常盤町 I 丁目スマイルマーケット）」の統括マネジメントをしています。彼が色々なひとを連れてくるおかげで若者が増えました。

Q. YCCU がスタートしたころはどんなことを考えていましたか？

　とりあえずイベントのようなもので何か発信しなければと思い、オープン 2 ケ月後に「ガーデンフェスタ」を企画しました。面白いイベントとなり、ずっとやり続けることになりました。芝生広場という空間を宇部市民に知ってもらおうというスタンスでした。

Q. 宋さんのまちの中での立ち位置はどこにありましたか？

　最初はプレイヤーでしたが、徐々にマネジメントに移りつつあります。江本さんが新しいメンバーを連れてくるし、私の学生メンバーもいます。もちろん私が仕掛けたりすることもあります。　何か新しいコトを始める時には声をかけられます。学識経験者という立場があるので、宇部市から頼まれることも多いです。元々中央町エリアを対象にまちづくり活動をしていた宇部未来会議という団体との連携も徐々に増えており協力しています。地方都市は、ある I つの団体で全てを賄うにはやはり人的・財源的に力が足りないし限界もあるので、皆が話し合いながら連携してやっていくのが大事と思います。

活動エリアの特徴	地方、都心部、商業地域
都市計画上の位置づけ	都市計画マスタープラン／都心部 立地適正化計画／都心機能誘導区域／ 宇部市にぎわいエコまち計画
団体設立年	2017 年（任意団体）
資本金等	無し
職員数	15 名（学識者 4 名、学生 7 名、事務局 2 名）

表 6・1　基本データ

中央町は大きな被害を受けていない。このため細かな路地など古くからの街並みがそのまま残されている。またエリア内の交通が比較的少ないため歩行者にとっては安心して歩ける街路が多い。一方で国道 190 号線や平和通りなど、広い幹線道路に囲まれさらに空洞化が進んでいるが、宇部新川駅とは近く交通利便性は高い。こういった状況により、エリア内では空き家や空き店舗がスポンジ状に広がり、建築物も老朽化が進んでいる。魅力ある都市空間へと再生するため、大学を中心に様々な取り組みが始まっている（表 6・1）。

2. エリアマネジメントのプロセス

Phase I　事業計画——コンテナ活用をきっかけとした活動の始まり

　宇部市では、2000 年「中心市街地活性化基本計画」を策定し、中央町地区においては、定住人口の確保と商業基盤の充実のための整備及び商業機能の誘致が進められた。2005 年以降の土地区画整理事業により、段階的な老朽建物の除却や街路整備を行っている。また、「宇部市にぎわいエコまち計画」「宇部市まちなか活力再生計画（以下、再生計画）」及び「宇部多世代共働交流まちづくり構想（2016）」を策定し、中央町地区を中心に、若者や子育て世帯の居住促進、生活及び起業・創業支援機能を高めるためのまちづくり方針を定め、事業を実施している（図 6・5）。再生計画では、中央町地区のまちなか再生と関連する事業として、まちなか商店リニューアルや建物リノベーション事業など、約 10 事業計画が挙げられ、それに沿った事業が進行中である。特に「若者未来センター（仮称）活動助成事業」では、公・民・学の連携による実験的活動を行う拠点を整備し、まち再生のための調査研究や提案、エリアマネジメントなどのまちづくり活動を支援することが提示されている。

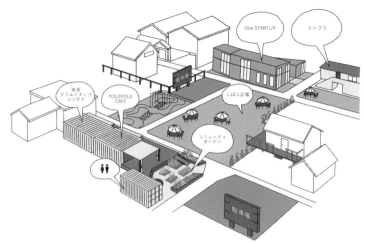

図 6·5　多世代交流スペースとしばふ広場周辺

（提供：若者クリエイティブコンテナ(YCCU)）

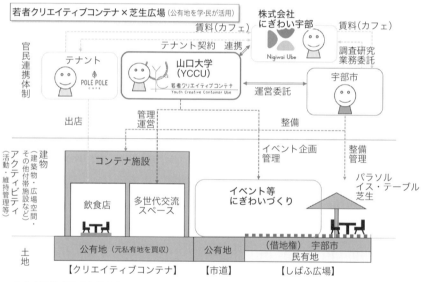

図 6·6　公共空間模式図「多世代交流スペースの土地所有・マネジメントの仕組み」

（提供：若者クリエイティブコンテナ(YCCU)）

　2005 年の区画整理事業の後に、残されている中央町三丁目エリアについては、老朽住宅の再生と防災性向上のために 2004 年から住宅市街地総合整備事業を行ったが、老朽建物の除却後に駐車場が増えてしまう問題が起こってしまった。その解決策として一区画に多世代交流スペースを整備することとなった。まちなかの賑わ

い創出やまちづくり活動の拠点整備に関する住民意見交換会として、2015年11月から2017年1月まで約1年間計10回の「まちなか再生ミーティング」が実施された。ここでの提言が契機となってYCCUが設立され、コンテナを拠点に2017年4月にオープンした。

コンテナから道路を挟んで位置するしばふ広場は低・未利用地の民地である。暫定的利用として宇部市が3年更新で地主から土地を借り、地主が土地活用計画を立案した段階で返却する契約を締結している。借地料は、駐車場経営の場合と同等の金額に設定している。

しばふ広場の整備・活用の基本的な考え方は、中心市街地に空閑地が広がる中、一角を芝生に置き換えイベントなどで活用することで、環境

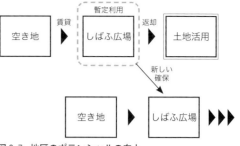

図6・7　地区のポテンシャルの向上

(提供：若者クリエイティブコンテナ(YCCU))

図6・8　UDCのイメージとYCCUの位置づけ

(提供：若者クリエイティブコンテナ(YCCU))

改善の効果と共にその周辺への魅力を向上させ、新たな土地利用や活用需要を高めることを目的としている。

現在のしばふ広場は民地なので、地主が新たな開発行為を行うのであれば、しばふ広場は別の空地に移転するという、「芝生広場化による暫定利用方式」でまちなか再生を目指している（図6・6、6・7）。

Phase 2　事業実施・組織構築──アーバンデザインセンターをモデルに

YCCUは公・民・学連携を是とするアーバンデザインセンターの実現を目標としている。将来的には、地域のまちづくりを考える拠点施設となるべく、必要な計画や施設の管理・運営を行っている。

アーバンデザインセンターに求められる①プラットフォーム機能②シンクタンク機能③プロモーション機能の、3つの機能を整えるための実験的な活動を繰り広げている。

図 6・9　学生による木単管ファニチャー制作 WS のポスター

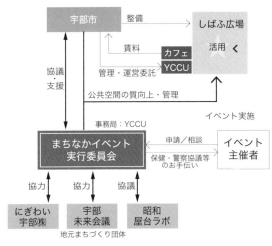

図 6・10　まちなか実行委員会の役割 WS

（図 6・9 ～ 10 提供：若者クリエイティブコンテナ(YCCU)）

①プラットフォーム機能

公・民・学の体制を構築するために、株式会社にぎわい宇部と宇部市、起業・創業支援センターの「うべスタートアップ（UBE START UP）」との役割分担についての検討や、地元の新たな主体を発掘するために協議や調査を実施している（図 6・8）。

また、定期的に「UBE サロン」を開催し、まちづくりやまちなか再生、起業・創業に関わる地元の専門家や活動家を招き、講演会や交流会などを実施することで、まちづくりに対する市民の啓蒙・啓発や、まちづくりに関わる関係者間の情報共有や連携ネットワークを構築している（図 6・9、6・10）。

②シンクタンク機能

まちづくりに関わる研究や提案を行っている。2019 年からは学生主体で宇部中央町のビジョン（図 6・11）検討にも着手している。

③プロモーション機能

中央町地区のまちづくり窓口として機能するために YCCU 専用のウェブサイトや SNS を運営管理している。また、株式会社にぎわい宇部と連携して、地域の多様なイベントの情報を発信している。

さらに、2018 年 YCCU を事務局とし、「まちなかイベント実行委員会」を立ち上げた。2017 年は YCCU 主催で様々なイベントを行っていたが、もっと柔軟にでき

図 6·11　グランドデザインのビジョンと未来像

（提供：若者クリエイティブコンテナ(YCCU)）

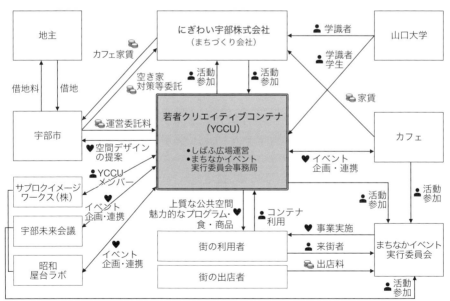

図 6·12　若者クリエイティブコンテナ（YCCU）の事業構造

るようにという意図である。イベントをやりたい人を募ること、情報発信、チラシ、警察協議、保険関係などそれらを全部カバーしている。これによってイベントが企画しやすくなった（図6・10）。

Phase 3　ビジョンづくり──学生がまちの未来を言い切る！

「3年くらいイベントばかりやってきた。それでもまちの方向性は全く見えてこない。みんなバラバラでやっているから、ひとつにまとまったグランドデザインのようなものをつくりたいと最初から思っていた」と宋さん。2019年からグランドデザインの検討を始めた。YCCUで活動していた卒業生を含めた学生メンバーと、コロナの中でも毎週土曜日に集まり作業は進め、2020年8月に完成した（図6・11）。

「UBE GRAND DESIGN」では将来像として「Open City Ube」を謳っている。山口宇部空港が近いというメリットを踏まえ、様々なものを「オープンにする」という意図。この将来像を実現するため、4つのコアとなるキーコンセプトを設定、これらに対応する14の地区課題と戦略を整理した。さらに社会実験やアンケートの結果もしっかりと関連づけられている。ストリートごとの特徴も描いた80ページにもわたる力作である。

「学生主導のまちづくりだと言っているし、みんなそう思っているから 作業のた

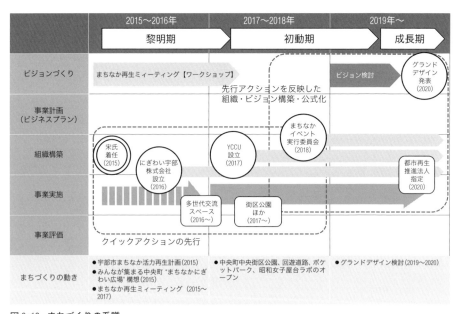

図6・13　まちづくりの系譜

めに毎週集まってくる。3年間の経験がベースとなっているため、その中で考え抜いて感じたことが反映される。そこに自分で採ったデータを入れるからリアリティもある」と宋さんも自信たっぷりだ。今後、作成した素案をベースに市民の意見も取り入れ、中央町のまちづくりの指針となるようブラッシュアップしていく予定とのこと。

　宇部での学生のまちへの関わり方は、大学生をソトの人材として受け入れ、まちのことを少し触らせてあげるレベルとは全く違っている。学生が当事者になっていて、自分のことを「宇部の未来を計画化できる人材」と自覚できている。

　そのきっかけやチェンジの瞬間が見えたことがあるかと宋さんに尋ねるとこんな風に答えてくれた。「(YCCUは)普通のバイトではないと学生に伝えている。コンテナは社会の縮図。社会と接するということはつまり学生扱いではない。最初は学生も自覚がない。そうすると必ず地域からしっぺ返しがくる。そこで目つきが変わる。責任ある立場になると人は変わる」。

　学生が責任あるプレイヤーとしてまちに入ってくることで、強制的に血液循環が起きている。大学から絶え間なくプレイヤーが供給されることがまちの人をパトロンやプロデューサーの地位へと押し上げていく、こうした構造が整ってきたのが、現在の宇部の強さではないだろうか（図6・12、6・13）。　　　　　　　　（執筆：山中佑太）

【CASE6 の論点】

Q1 大学（学生）が関わるエリアマネジメントとして特徴的な事例ですが、その可能性と課題を整理するとともに、より良い形にするには何が必要か考えてください。

Q2 学生たちが主体となって策定するグランドデザインについて、今後、行政（宇部市）や民間企業、住民などのプレイヤーとエリアの将来像を共有しながら、その実効性を高めていくためには具体的にどのようなアクションが必要だと思いましたか？　あなたが宋さんだったら、グランドデザインが完成するまでの過程でどのような打ち手を考えますか？

Q3 今後YCCUが持続的にエリアマネジメント活動を行うため、行政（宇部市）あるいは地域住民の立場から、どのような支援やまちづくり事業への関わりができるのか検討してみましょう。例えば、学生以外のプレイヤーの輪をさらに拡げることや安定的な活動財源を確保するための方法を実際に策定されたグランドデザインを参照しながら考えてみましょう。

株式会社ジェイ・スピリット
東京都目黒区

自由が丘ブランドに込められた精神を受け継ぐ

東急東横線と東急大井町線が交差する自由が丘駅

自由が丘を代表する風景となっている九品仏川緑道

自由が丘は閑静な住宅街としての側面も持つ

日曜祝日には駅周辺一帯が歩行者天国となる

(写真全て提供：㈱ジェイ・スピリット)

[エリアの特徴]　#都市郊外
[事業の特徴]　#商店街振興組合との連携　#民が策定するグランドデザイン
[人材の特徴]　#内部人材

I. エリアの特徴とまちづくりの背景

ブランド力を持つ商業と住宅のまち、自由が丘

　自由が丘は東急東横線と東急大井町線の交差地点に位置し、1日あたり乗降客数は両路線合計で約16万人となっている。

　自由が丘の駅は目黒区であるが、駅のすぐ南にある九品仏川緑道を境として世田谷区となり、目黒区・世田谷区の区境に位置する。本書で紹介する自由が丘のまちづくり会社、株式会社ジェイ・スピリットは、自由が丘駅周辺の商業地と住宅地を活動エリアとしている（図7・1）。

　自由が丘は各種のまち・駅のランキングなどでも常に上位にランクインし、おしゃれ、カフェ、スイーツ、雑貨のまちとして認知されている。一方で商業エリアの広がりは駅からわずか150〜200m圏内でありその外側には低層の住宅地が広がる、閑静な住宅地としての側面も持つまちである。

文化人が集まり名付けられた「自由」の精神を今も受け継ぐ

　自由が丘という地名が生まれたのは今からおよそ100年近く前、東急東横線と東急大井町線が引かれた頃である。教育者の手塚岸衛が自由主義教育を目標に掲げ、現在の自由が丘駅のほど近くに「自由ヶ丘学園」を設立、この精神に共感する文化人らがこの地に集まるようになり、正式な地名ではなかった自由ヶ丘という地名を用いて郵便物のやりとりなどをするようになったのが「自由が丘」の始まりである（図7・2）。

　ジェイ・スピリットの関係者をはじめ自由が

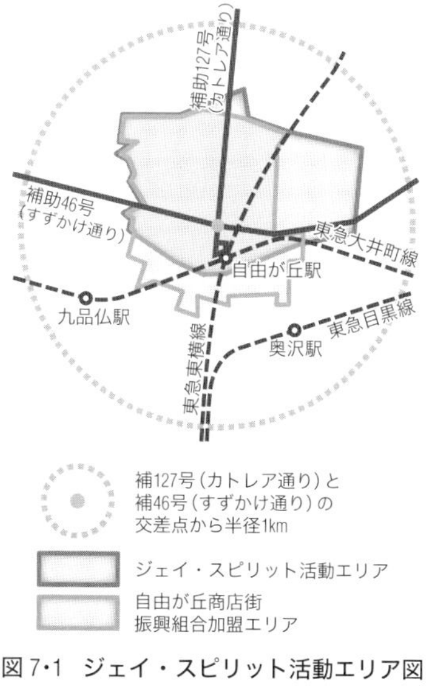

図7・1　ジェイ・スピリット活動エリア図

図7・2　1930〜31（昭和5〜6）年の学園通り
（出典：自由が丘商店街振興組合50周年記念誌）

丘に精通する人々はみなこの由来や地名に込められた精神を熟知し、「自由が丘」という地名に誇りを持っている。

2. エリアマネジメントのプロセス

Phase 1　組織構築──ジェイ・スピリットの誕生

　ジェイ・スピリットは、自由が丘商店街振興組合を母体とし、まちづくりに関する取組を地元団体や区民とともに推進・展開することを目的として設立されたまちづくり会社である。自由が丘のまちづくり活動はジェイ・スピリットの設立前から自由が丘商店街振興組合が行っていた（ただし商店街に関する取組のみ）が、2002年に自由が丘商店街振興組合の事業のうちまちづくりに関する部分を独立させるかたちでジェイ・スピリットが設立された。住宅地に関する取組には手が出せないなど、商店街振興組合として行うまちづくり活動への限界もあり、まちづくり会社組成の必要性はこの数年前から議論されていたようだ。

Phase 2　ビジョンづくり・事業実施──TMO 構想に基づく事業の実施

　設立の翌年2003年にTMO（Town Management Organization）構想を策定してTMO としての認定を受け、まちづくり会社ジェイ・スピリットとしての活動を開始した。

　例えば2003年に開始した「自由が丘まち運営会議」は、商店街振興組合の各支部長や自他薦で応募した地域の関係者、行政のオブザーバーなどが委員として参加し、都市基盤から住宅街における日々の取組まで幅広く議論する場となっている。17年が経過した今もまち運営会議は継続され、2020年1月にはついに第100回目のまち運営会議が開催されるなど、ジェイ・スピリットのまちづくり活動の基盤となっている。ここまでまち運営会議が継続するのは、会議が形骸化せず議論をもとにまちづくりが進められていることを参加者も認識している証拠である。

　また、自由が丘では日曜祝日の日中に駅周辺一帯を面的に歩行者天国にしている。1973（昭和48）年に始められた自由が丘が誇るべき取組のひとつであるが、このような人中心の交通環境改善に関しても、ジェイ・スピリットは交通社会実験の実施（2004 ～ 2006年）などを通じて積極的に取組を行ってきた。

　一方で、スイーツのまち自由が丘のイメージキャラクター「ホイップるん」の運用も2004年から開始した。このように自由が丘商店街振興組合を母体として生まれたジェイ・スピリットは、もともと商店街振興組合が担ってきた活動の素地があ

ったため、設立当初からハード・ソフトに渡る幅広い活動を展開してきた。

Phase 3　事業評価──2重組織による問題の顕在化

　ジェイ・スピリット設立当初から幅広い活動が展開できた反面、自由が丘商店街振興組合との「二重組織」化が問題となっていた。ジェイ・スピリットの設立時に商店街振興組合との役割分担が必ずしも明確ではなかったため、商店街振興組合が行う事業との重複が生じたり、ジェイ・スピリットの活動や存在自体が住民や事業者に正しく認識されていないために思うように活動ができなかったり、といった問題が顕在化してきた。

　2009年には自由が丘の景観づくりの拠りどころとなる「街並み形成指針」の運用を開始し、2012年には国土交通省・都市景観大賞「都市空間部門」を受賞するなど、対外的には自由が丘の輝きは損なわれず、ジェイ・スピリットのリーダーシップも評価されていたが、内部的には混乱の中にあったようだ。商店街振興組合事務長を務めながら兼務としてジェイ・スピリットの事務を一手に引き受ける中山雄次郎さんは、2006〜2013年頃を「過渡期」と表現している。

Phase 4　組織体制の見直し──身の丈に合った体制へ

　転機となったのは2013年を中心としたその前後1〜2年である。「過渡期」に消耗した資本金を増資するにあたり、ジェイ・スピリットは商店街振興組合ではなくまちづくり会社がやるべき公益的な事業や住宅地にも及ぶ問題解決などに専念することが話し合われた。

　そこで重要となるのが両者の中間に立ち、現場レベルで事業の振り分けや役割分担を仕切る存在である。商店街振興組合とまちづくり会社の両方の性格を理解したうえでまちづくりの方向性を見失わずに求め続けることも要求される。

　当時商店街振興組合の事務を務めていた中山さんは悩んだ末、自らが商店街振興組合とジェイ・スピリットの事務を兼任することを役員へ提案した。中山さんはこの時のことを振り返り、「自由が丘にはまちに対する思いが強い人が多く、自ら動く力も持っている。しかしそのような方々の受け皿となるものがなかった」と、まちに関わる人々の関係性を客観的に捉えたうえで自由が丘に足りないポジションを自らが担う決断をしたのだった。

　このようにジェイ・スピリットは、自由が丘商店街振興組合という大きな存在との関係性を見直し、自らの存在の意味を問い直していった。その過程で2016年には都市再生推進法人の指定も受け、商店街振興組合・区民・行政の中間を担うまちづくり機関としてのポジションを固めていった。

2020 年 4 月現在、ジェイ・スピリットの事業は①調査・研究事業部、②プロモーション事業部、③安全安心事業部、④街並み形成事業部の 4 つの事業分野でまちづくり活動を行っている。

　これらの活動を安定的に継続する財務基盤を構築するため、ジェイ・スピリットでは「カード事業」と自由が丘商店街振興組合からの「受託事業」の大きく 2 つの事業で収入を確保している。カード事業とは J–デビットやクレジットカードの代表加盟店となるもので、2008 年にジェイ・スピリットが出資したシステム会社「JASPAS」が決済システムを受け持つ。ジェイ・スピリットは目黒区全体の商店街と JASPAS との仲介を行うことで収入を得ている（図 7・3）。

　しかし近年は決済方法の多様化によりカード事業も楽観はできない状況にある。そのため今後はいかにカード事業に代わる収入の柱を育てるかが課題となっており、

調査・研究事業部	プロモーション事業部
・グランドデザインの検討 ・物流処理 ・道路、鉄道に関する調査研究等	・活動内容の広報 ・キャラクター活用 ・ホームページ運営 ・ITサービス等
安全安心事業部	街並み形成事業部
・子育て支援 ・環境への取り組み ・防犯カメラ ・防災対策等	・街並み形成委員会の運営 ・まち運営会議運営 ・再開発等調整

図 7・3　ジェイ・スピリットの 4 つの事業部

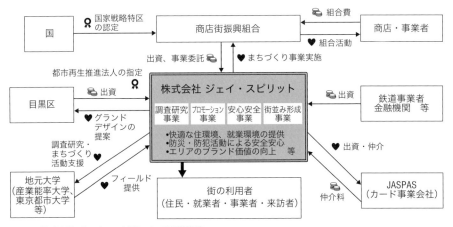

図 7・4　株式会社ジェイ・スピリットの事業構造

次の Phase 5 で紹介する自由が丘駅周辺グランドデザインでは、ビジョンの中にジェイ・スピリットの事業の種を植え付けておくことにも留意している。

中山さんは今のジェイ・スピリットを「人間で言えば学生の段階」と表現した。

エリマネびとにせまる！

中山雄次郎さん(47)　株式会社ジェイ・スピリット 事務

ジェイ・スピリットの事務と自由が丘商店街振興組合の事務を兼任する中山さん。自由が丘商店街振興組合に就職したのは 1997 年 2 月、新卒として就職した企業をその年度のうちに退職し、その後 20 年以上自由が丘のまちづくりの現場に立つ。
「地域に根差した仕事に就きたかった」と語る中山さんは、今や「丘ばちプロジェクト」という自由が丘で都市養蜂を営む事業の隊長を務めるなど、日々自由が丘ブランドを発信する自由が丘の伝道師となっている。

Q.「自由が丘のまちづくり」の仕事とは？
　　先人たちが名付けた「自由」は Free ではなく Liberty。その誇りを持ち、このまちで　活動する方々を支えるのが私の仕事です。

Q.「自由が丘ブランド」とは？
　他のまちのような大資本がつくったハイブランドのまちではなく、自分たちが名付けて育ててきたまち。自由が丘の人々は自治精神が強い。

Q. 自由が丘のまちの強みと弱みは？
　自由が丘という名前のもとに 1 つになれる反面、皆が納得しない限りまちを変えるのが困難であること。だから自由が丘のまちを変えていくのは本当に時間がかかるが、皆が納得した瞬間からは早い。

Q. 自由が丘のまちづくりとは？
　尊敬するまちづくりの師匠は、まちづくりを「宝探し」と表現した。自由が丘の宝は、この地名のもとに人々が集まってきたその成り立ちとその精神を大切にしてきた人々である。この宝を大切にしていきたい。

活動エリアの特徴	駅周辺、低層住宅地
都市計画上の位置づけ	都市計画マスタープラン／広域生活拠点
組織の位置づけ	都市再生推進法人（2016 年）
法人設立年	2002 年
資本金等	3000 万円（発行可能株式枚数 1600 株）
職員数	5 名（常勤 1 名、自由が丘商店街振興組合との兼務 4 名）

表 7・1　基本データ

つまり、自由が丘商店街振興組合が長年かけてジェイ・スピリットを育て、やっと自立に向けて具体的に考えたり小さく試したりすることができるようになってきた。この先どうやって自分の力で生きていくかを模索している段階だという（図7・4、表7・1）。

Phase 5　ビジョンの再考——民間が策定する地域のグランドデザイン

　自由が丘のまちはよく「ヒューマンスケール」と言われ、実際に路地や店先の小さな空間づくりをとても大切にしている。しかし都市再生推進法人となった2016年ころから、本格的な都市構造の更新に関する議論が本格化してきた。以前から議論されてきた住宅用途エリアへの商業施設の滲み出し現象に加えて、駅周辺街区の再開発計画の具体化、都市計画道路整備の事業化、さらには十年以上前から何度も繰り返し議論されてきた鉄道の連続立体交差化に関しても、防災や歩行者優先のまちづくりの観点から議論が高まってきた。

　そこで、これまでの「自由が丘らしさ」を大切に受け継ぎながらも大きなインフラ整備（道路・鉄道など）や開発（再開発事業など）などの都市の更新に対応していくため、「自由が丘駅周辺グランドデザイン」（以下、グランドデザイン）の策定に着手した。通常、地域のグランドデザインは行政やその外郭団体などが策定することが多い。しかしこの自由が丘駅周辺グランドデザインは、株式会社たるジェイ・スピリットが策定主体となっていること自体が大きな特徴となっている。自由が丘は目黒区と世田谷区の区境に位置しており、ともすれば自由が丘駅の北と南で

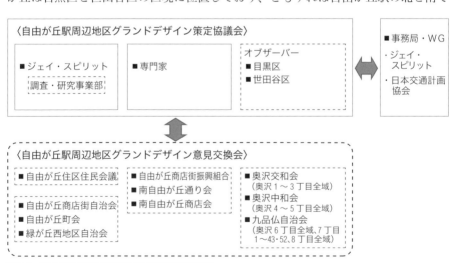

図7・5　自由が丘グランドデザイン策定協議会体制

別々の行政計画となるところ、ジェイ・スピリットがグランドデザインを策定することで南北が一体となった将来構想を描くことが可能となっている。策定過程で立ち上げた策定協議会にはオブザーバーとして目黒区・世田谷区・鉄道事業者が参加し、各エリアの住宅地の代表者などとの意見交換会を複数に渡って開催するなど、地域・行政総意のグランドデザインとなるよう策定プロセスにおいて十分に留意されている（図7・5）。

　2002年に誕生し、地域のグランドデザインを描くほどの活動を行うジェイ・スピリットであるが、中山さんは「私たちの感覚では、自由が丘のまちはまだ成熟期を迎えていない。今がやっと成長期という段階ではないか」と語る。また、「セオリーどおりに変えられるまちは結局他と同じようなまちにしかならない。個性を持っているまちほど変わるのには時間がかかる。自由が丘を変えていくにはじっくりと構え、議論を積み重ねていくしかない」とも語った。先人たちが「自由が丘」という地名に込めた精神は、今なお中山さんをはじめ自由が丘を担う人々に受け継がれている。これが自由が丘の強さであり、自由が丘ブランドだ（図7・6）。

　（※文章中、地名誕生当時の地名を指すところは「自由ヶ丘」、現在の地名を指すところは「自由が丘」と使い分けている）

（執筆：松下佳広）

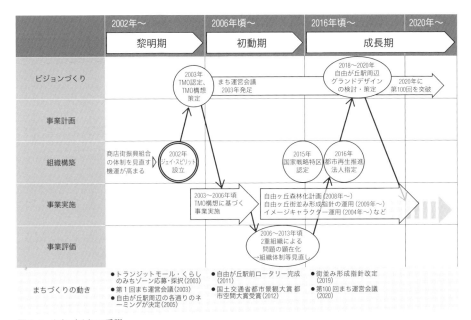

図7・6　まちづくりの系譜

【CASE7 の論点】

Q1 商店街振興組合とまちづくり会社の二重組織が問題となっていた状況をどのように打開し、まちづくり会社の目的や役割を設定していきましたか？ あなたなら、どのように設定・改善しますか？

Q2 民間のまちづくり会社（都市再生推進法人）であるジェイ・スピリットが主体となってグランドデザインを描く意義をどのように捉えていましたか？ そのプロセスや考え方に学ぶ点、改善した方がいいと思われる点をまとめてみましょう。

Q3 自由が丘のエリアマネジメントは、「自由が丘らしさ」を大切にし続けています。あなたが関わるまちの「らしさ」とはなんですか？ それをどのようにまちの活力やブランド力につなげていきますか？

CASE 8　一般社団法人ひとネットワークひめじ
兵庫県姫路市

自立した黒字経営を可能にする仕組みづくり

市民に親しまれる姫路駅北にぎわい交流広場

（提供：（一社）ひとネットワークひめじ）

[エリアの特徴]　#中心市街地　#地方都市
[事業の特徴]　#収益　#拠点運営　#広場空間活用　#駐輪場運営
[人材の特徴]　#外部人材　#次世代（若手）

地方都市・郊外の市街地

　今や広場空間の稼働率は90％以上を維持し、広場空間の成功事例として取り上げられるようになった、姫路駅北にぎわい交流広場。その運営を2012年から行っているのが「一般社団法人ひとネットワークひめじ（以下、ひとネットワークひめじ）」である。姫路駅北にあるにぎわい交流広場の運営だけではなく、姫路の中心市街地における公共空間、さらにはエリア間の連携を通じて、人と人とのネットワークを大事にした、笑顔がつながる姫路のまちを目指し活動している。

I. エリアの特徴とまちづくりの背景

世界文化遺産　国宝姫路城を有する城下町

　ひとネットワークひめじが活動する姫路駅北エリアは、1993年に日本で初の世

界文化遺産に指定された国宝姫路城の城下町にあたる。戦後、焼け野原になった姫路城下は土地区画整理事業により現在の街並みとして生まれ変わったため、昔の面影を見ることはできないが、JR姫路駅北口に降り立つと姫路城が正面に見え、城と駅をつなぐ大手前通りを中心とし、東西に商店街などの商業業務施設が広がっており、城下町ならではの都市構造を感じることができる（図8·1）。

使う人が使いやすい空間。市民のための駅前広場に！

　1987年に都市計画決定された、JR山陽本線など連続立体交差事業、それに伴う街路事業や姫路駅周辺土地区画整理事業が進み、2006年には連続立体交差事業が竣工した。その翌年2007年に姫路市より駅前広場再整備事業に関する素案が市民のパブリックコメントなどを経て提示されたが、その内容は交通機能が重視されたもので、市民から多くの反発が寄せられた。これをきっかけとし、行政任せにするのではなく、駅前広場を姫路市民にとってどうするべきかという議論が、駅周辺の商業者を中心として持ち上がり、駅前広場の検討に市民が当事者意識を持って参画するようになる。市民フォーラムやワークショップの開催、社会実験などを重ね、未来の広場を利用する市民の意見を集めながら、広場の使用目的、機能性、管理のしやすさなど完成後のまちを見据え、各項目について官民連携による議論を重ねた。この過程により、行政と市民、民間との間で信頼関係が築かれ、後の官民連携によるまちづくりの礎になっていく（図8·2）。

図8·1　姫路駅北エリア
（出典：（一社）ひとネットワークひめじ発行
『タブロイド紙ひとネット Works vol.2』）

図8·2　現在の姫路駅北口。歩行者動線と車の動線が分けられ、広場空間が隣接している

2. エリアマネジメントのプロセス

Phase 1　ビジョンづくり──時代の変化に応じた柔軟な計画の見直し

　1988 年に計画されたキャスティ 21 計画。これは姫路駅周辺地区整備計画の愛称名で、JR 山陽本線など連続立体交差事業により新たに創出される広大な用地を活用した新しいまちづくりを計画するものであった。この中で、「姫路駅前を中心とするエリアはエントランスゾーンと位置付けられ、駅ビル、駅前広場を配置し、交通結節点としての機能の強化を図り、また、高架後の JR 姫路駅は、自由通路により南北の一体化を図るなど、本市の玄関口としてふさわしく整備する」、とされていた（『姫路市キャスティ 21 計画概要について』（2010 年）より）。

　2008 年エントランスゾーンの検討や駅前広場整備について改めて市民の声や想いを反映させるべく、商業者、交通事業者、地域団体、NPO、行政、専門家や駅前の公共空間の設計、運営や活用管理に関わる主体により「姫路駅前広場整備推進会議」が発足した。その後 4 年に渡り、市民フォーラムやシャレットワークショップ（姫路駅前広場活用協議会が実施）、社会実験などを実施しながら、まちづくりを推進するための核となる姫路駅北駅前広場計画を策定した。

　このように、既成市街地における大規模開発を伴うまちづくりであったため、当初の計画が発表されてから四半世紀近い時間がかかっているが、その時の社会情勢や社会要請の変化に対応させるため、関係者でその都度議論し柔軟に計画の見直しを行っていった。その結果、当初の計画から長い時間を経て、日本初となる、歩行者を最優先に捉えたトランジットモールを実現させることができたと言えるのではないだろうか。

Phase 2　組織構築──広場空間を維持管理するための法人として、まちづくり会社が発足

　2010 年当時、姫路駅前広場整備推進会議で検討してきた公共空間（広場）の管理運営を誰がするのか？　という議論になった時、広場空間を持続的に運営する団体が必要であると考えていた行政と、「駅前広場ができたら使う」のではなく「自分たちが使える駅前広場にしたい」と考えていた市民側との意見が合致し、駅前広場が完成する 1 年半前の 2011 年、関係者の情報共有の場として「姫路駅前広場活用連絡協議会（現在の姫路まちなかマネジメント協議会）」が設立。翌年の 2012 年には、完成後の駅前広場の運営事業主体を見据えた「一般社団法人ひとネットワークひめじ」が設立された。法人格を持ったまちづくり組織の設立については、様々

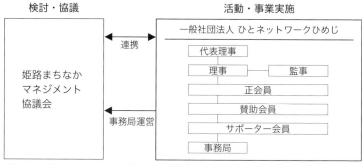

図 8・3　エリアマネジメント組織の概要・構成

活動エリアの特徴	駅周辺、商業・オフィス
都市計画上の位置づけ	都市計画マスタープラン／地域拠点 立地適正化計画／都市機能誘導区域
組織の位置づけ	一般社団法人
法人設立年	2012 年
資本金等	無し
会員構成	正会員 14 名（うち代表理事 1 名、理事 6 名、監事 1 名） 団体正会員 17 団体（うち理事 4 名） 賛助会員 12 団体 サポーター会員 1 名
職員数	理事 11 名、監事 1 名、職員 3 名（常勤）

表 8・1　基本データ

　な機関との調整に時間を要するのが一般的であるが、姫路では長年の協働による検討体制が整っており、法人設立の目的が明確に共有されていたため、ステークホルダー調整から組織構築までスムーズに進めることができたという。ひとネットワークひめじは、姫路の中心市街地に新たな雇用を生み出すことも目指した組織であったため、設立当初は、市からの緊急雇用創出事業を活用しながら専属の事務局員 3 名が雇われた（図 8・3、表 8・1）。

Phase 3　事業実施──広場運営と路上駐輪場の運営が収益の柱

　ひとネットワークひめじは、大きく 2 つの事業を収益の柱として取り組んでいる。1 つめは、「姫路駅北にぎわい交流広場の運営」、2 つめは「路上駐輪場の運営」である。これら 2 つを大きな収益源としながら「姫路まちなかマネジメント協議会の運営」や「地域プロモーションの実践」「商業施設連携事業」などにも取り組み、利益を中心市街地全体へ還元する仕組みを目指している（図 8・4）。

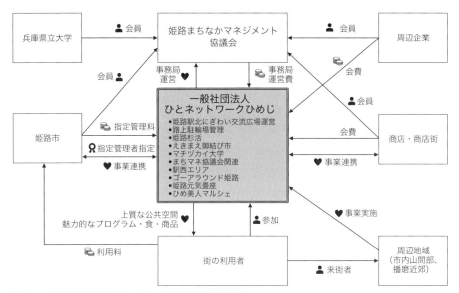

図8・4　一般社団法人ひとネットワークひめじの事業構造

　「姫路駅北にぎわい交流広場の運営」については、当初、広場が完成するまでの約1年半の間、持続的活用・運営の実施および検証のための社会実験が実施された。社会実験期間中は、試験的運用であったため十分な利益が得られず、少ない資金で広場を運営するため様々な工夫をしたと東郷さんは話す。「設立当初は

図8・5　姫路駅北にぎわい交流広場。市民の憩いの場となっている（提供：（一社）ひとネットワークひめじ）

運営費が賄えず、事務局員を2名に減らすことで人件費を削減し、自分たちでできることはできるだけ内製化するなど外注費も抑えていました。それでも足りない分は、理事たちにお願いをし、法人へ借り入れをする形で赤字を補填しました」。その後、広場が完成すると徐々に利用者も増え、安定した広場運営が実績となり、その後現在まで継続して受託事業者としての運営を行っている。広場運営のノウハウが蓄積されたこと、認知されたことにより組織としての安定性が向上したのだ。
　広場の完成から約5年、現在のにぎわい交流広場の稼働率は90％以上を維持し続けている。東郷さんにその理由を聞くと「姫路駅周辺はもともとストリートミュ

地方都市・郊外の市街地

エリマネびとにせまる！

東郷剛宗さん(32)　一般社団法人ひとネットワークひめじ　事務局長(2020年当時)

（提供：（一社）ひとネット
ワークひめじ）

京都の芸術大学で、まちづくりや建築、ランドスケープなど幅広く学んでいた東郷さん。大学の先生と、姫路まちなかマネジメント協議会の理事になっていた先輩が専属の職員を探していたところ、半ば強引に誘われたのがきっかけで姫路に来た。

Q. エリアマネジメント業務に関わる中で役立っているスキルは何ですか？

　駅前の企画運営、駐輪場関係、営業、経理などなんでもやっています。前職はまちの不動産屋でした。そこでいろいろな立場の人との対話術、交渉術が身についたと思います（笑）。ひとネットワークひめじに入った当時は、このキャラクターですし、若者ということで、なかなか対等に話を聞いてもらえなかった事もありましたが、今は地元の方にも顔を覚えてもらえ、いろいろなことを話せる関係になっています。手を動かしたりものづくりが好きなので「自分にしかできないこと」を模索しながら姫路のまちづくりに関わっていきたいです。

ージシャンが多い土地柄でしたが、路上でのライブ活動は原則禁止になっています。駅前広場では、そういったアマチュアや個人的に音楽を楽しみたい人たちも、気軽に利用できる価格設定にしています（図8・5、表8・2）」という。収益を上げることだけにとらわれるのではなく、できるだけ市民の活動の場所として駅前広場が認知され、利用してもらうことを目指している。今では年間400件近い利用があるそうだ。指定管理者として東郷さんは、利用者の傾向や要望に応じて姫路市と日々協議しながら運営を行っている。芝生を傷めないよう舗装された観客スペースを増やしたり、動線に応じて柵を撤去できるようにするなど、柔軟な広場の変更についても調整を行っており、運営を通じて広場空間は常に進化している。

　2つめの事業の柱となっている「路上駐輪場の運営」は、2011年当時から中心市街地の交通を考える上で問題視されていた放置自転車問題を解決し収益源化するための仕組みとして、社会実験などを経て事業化された。これまで駅利用者や中心市街地への来街者などの自転車が放置されてしまっていた市道の歩道上に、定期駐輪場と一時駐輪場の棲み分けを行えるよう、駐輪ラック18箇所（計525台分）を駐輪場運営会社と共同で計画・設置した（図8・6）。稼働率は年間を通じて約80％と高い稼働率で推移しており、駐車場運営会社からの管理委託料が法人の大きな収入源となっている。路上駐輪場の運営については、単なる自転車ラックの設置、運営にとどまらず、中心市街地全体を見据えた公共交通、コミュニティサイクルとの連

使用区分	使用料	
	単位	金額
展示会、音楽ライブ等 （販売行為のないイベント）	1日1平方メートル	30円
	延長使用 1時間1平方メートル	5円
マルシェ、雑貨市、物産展等 （販売行為のあるイベント）	1日1平方メートル	100円
	延長使用 1時間1平方メートル	15円
コンサート等の興行 （見物人から入場料等を徴収するイベント）	1日1平方メートル	200円
	延長使用 1時間1平方メートル	25円
募金活動	1日1件	1000円
電源コンセント	1日1口	100円

表 8・2　姫路駅北にぎわい交流広場使用料

(出典：姫路市『姫路駅北にぎわい交流広場使用規約』p.6 より)

図 8・6　路上駐輪場。設置場所をさらに増やしていく
　　　　ことを目指している

(出典：(一社) ひとネットワークひめじ発行
『タブロイド紙ひとネット Works vol.2』)

携など公共交通インフラの充実につながるよう今後も力を入れていきたいという。

Phase 4　事業評価──安定的な組織運営、人材が育つ仕組みづくりへ

　ひとネットワークひめじは設立されてから今年で9年を迎える。現在は、業務委託料の増額や他事業収入もある程度確保できていることから、毎年、黒字経営ができており、安定した事業計画を立てられているという。「まちづくりで利益を得る会社」という知名度も地域に定着し、年間を通してやることが定まってくるなど、以前と比べると、今までのまちづくりの動きが地域に生業として認知されてきていることを成果として実感できている。また、まちづくりが中心市街地全体の活性化のための事業として認知されると同時に、地域の人や行政、民間企業の方など関係するステークホルダー間の信頼関係が築かれているのも、スピード感や柔軟性といった形で姫路のまちづくりに大きな成果となって現れている。しかし組織の事務局

長として安心してまちづくりという仕事に従事できている反面、これからのまちや組織の持続性のためには、まだまだ人材が足りていないと東郷さんは話す。「まちづくりに関する仕事は誰でも最初からできるものではなく、まわりで働く人のサポートや、人との接し方、個人のモチベーションなど様々な小さな要因がまちづくりにつながると考えています」という。人との関係づくりがうまく行くことで、地域から受け入れられ個人のモチベーションが維持される。その繰り返しにより人材が育っていくのだ。結果、事業の継続性が向上し固定収入につながり、組織の持続性が維持されまちづくりに反映されていくという正のスパイラルができる。まちづくりに関わる人材のモチベーションを保ちながら人材を育てるためには、持続的な事

図8・7　駅西エリア。今後リノベーションなどの新事業がスタートする

図8・8　姫路杉活。姫路市産杉の活用を駅前でPRし山間部をつなぐ取り組み

（図8・7、8提供：（一社）ひとネットワークひめじ）

業による収益は必須であり、そのためには補助金や行政からの委託に頼らない自主事業の比率を上げていくことも目指しているという。使途が限定される補助金や行政からの委託費に頼るのではなく、法人のエリアマネジメント事業としてしっかり収益を上げ、その収益が組織のみならず姫路のまちに事業として還元されることで、地域内経済循環をつくり出す。それが「まちづくりの持続性」と「組織の持続性」両方につながるため、時間をかけて人材育成の仕組みづくりを目指している。

　今後の姫路駅周辺は、大手前通りの再整備、駅東側に文化コンベンションセンターの整備などまだまだハード整備が進行中である。ひとネットワークひめじとしては、駅前広場の運営の受託継続はもちろん、他のエリアマネジメントに関する事業で得た利益も、中心市街地内の駅前ではない隣接するエリアに再投資しながら活動エリアを拡大しつつ新たな事業をしかけていきたいという。これまであまり活動が進んでいなかった駅西エリア（図8・7）では空き地や空店舗をリノベーションしたり、市産杉を活用したものづくりを通じた都市部と山間部

をつなぐ取り組み（図8·8）なども予定されている。それぞれ特色を持ったエリア間で連携しながら、中心市街地全体としてエリアマネジメントの循環をつくっていく姫路のまちは、今後さらに多様性を持った都市に進化していくであろう（図8·9）。

（執筆：谷村晃子）

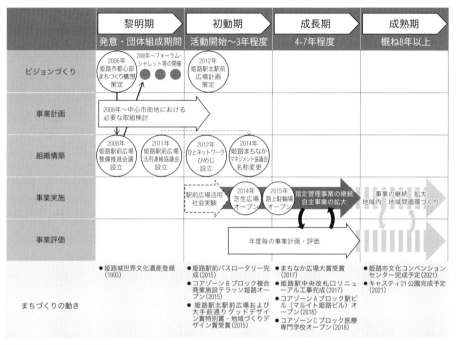

図8·9　まちづくりの系譜

【CASE8 の論点】

Q1　広場運営に関わる業務委託、事業収入により黒字運営が可能になっている。このビジネスモデルの強みと弱みを整理し、今後、どのような方向で発展させるべきか意見をまとめてください。

Q2　少なくともコロナ禍の前は90％を超える稼働率を誇っていた広場運営。そのポイントをどのように捉えていましたか？　また新しい生活様式に対応する、都市における広場のあり方について考えてみましょう？

長浜まちづくり株式会社

滋賀県長浜市

地域の調整役から地域ビジネスを実践する会社へ

北陸地方へとつながる北国街道。左手前は安藤家

英国紳士を装って長浜の地域資源を巡るツイード・ピクニック

まちなかに流れる米川でのアートイベント

(写真全て提供：長浜まちづくり㈱)

[エリアの特徴] ＃地方都市 ＃中心市街地 ＃空き家
[事 業 の 特 徴] ＃拠点運営 ＃町家 ＃水辺空間
[人 材 の 特 徴] ＃内部人材 ＃若手 ＃関係人口

I. エリアの特徴とまちづくりの背景

羽柴秀吉が整備した城下町、長浜

　長浜市は、琵琶湖の北東部（湖北地方）に位置し、中心市街地は、羽柴秀吉により長浜城の城下町として整備され、以来、湖北地方における政治・経済の中心地として栄えている。長浜城の廃城後は、大通寺の門前町、北国街道や琵琶湖水運の要衝として、地理的に京阪神や中京、北陸圏域の結節点となっている（図9・1）。

町衆による商業・観光活性化の取組み

　長浜では、1984年に博物館都市構想を策定し、歴史的・文化的な景観を大切にし

図9・1　まちなかに多くの地域資源が点在する長浜
(提供：長浜まちづくり㈱)

たまちづくりや各種事業が展開されてきた。特に、長浜のまちづくりで有名なのが、ガラス事業を手掛ける株式会社黒壁である。「黒壁銀行」と呼ばれていた旧第百三十銀行長浜支店の建物保存のための市民運動を契機として、1988年に第三セクターである株式会社黒壁が誕生した。この株式会社黒壁の大きな事業の柱は、ガラス事業による観光資源の創出であった。その当時、日本ではマイナーであった「ガラス」に着目し、小樽の北一ガラスを参考に工房での実演販売や職員への接客マナー教育、工芸教室などの活動を通して、市民や地元商店街との連携事業を展開した。この効果もあって、黒壁をはじめ長浜に多くの観光客を引き付けることができた。

　このように、長浜では昔から自治の精神が受け継がれており、自らまちの未来へ投資してでも地域の資源を守り大切にしていこうとする町衆文化が、まちづくりの基盤となっている。

2. エリアマネジメントのプロセス

Phase I　組織構築──中心市街地活性化基本計画の実行組織として

　中心市街地では株式会社黒壁の取組みなどによって観光客は2005年頃をピーク

に大幅に増加し、賑わいも回復してきたものの、観光客やまちなか居住人口の減少や高齢化が進み、働く場所として、若い世代に選択されず地元の人が中心市街地に遊びに来なくなるなど新たな課題に直面していた。このため、長浜市はそれらの課題に取り組むべく中心市街地活性化基本計画を策定し 2009 年には国に認定された。長浜まちづくり株式会社は、基本計画に掲げられた目標を実現し、持続可能な活性化を総合的に図るための中心的な役割を果たす組織として、官民一体となって同年に設立された。

Phase 2　事業評価──次世代へつながるバトン

　1989 年以降、株式会社黒壁を中心として、市民・民間主体で長浜のまちづくりが進められてきた。その後、約 30 年が経過してきた中で、1989 年頃から始まったまちづくりの構造に大胆な変化が見られず、それまで観光を主軸に置いていたサービス内容のマンネリ化など、観光ニーズも変化する中で、観光スタイルが限界に近づき、まち全体の観光客数も減少傾向を辿っていった。さらには、地元の商業を担う人々の高齢化の進展や、次世代の跡継ぎ問題も抱えるなど、「長浜訪問」を希望する人々に対するイベントやアプローチが以前よりも起こせないまちになった。

　また、現在長浜まちづくり株式会社常務取締役である竹村光雄さんが前任の吉井茂人さんから引き継いだ、設立当初の長浜まちづくり株式会社は、行政や複数の事業者との調整役を担っていたため、ビジネスを主体として収益を確保していく組織体ではなかった。さらには、観光中心の産業構造にも陰りが見え始めていたことから、竹村さんは新たな分野での「儲かるビジネス」の必要性を感じていた。そして、これからの長浜まちづくり株式会社を、まちづくりに積極的に関われるプレイヤーとして地域で企画実践していく立場へと少しずつ変化させることで、状況を変えようとした。そもそもまちづくり会社は、地域課題の解決や未来のまちづくりを進めていくことを目的に事業の企画立案や活動を行う団体であり、安定的な受注の確保はとても困難である。そのような中で、行政に対して、政策立案につながる企画を立て行政に提案し、様々なセクションから委託事業を獲得していくスタイルを、1年及び数年単位でアップデートしながら、事業の継続や財源確保の工夫を凝らしているが利益率は低い状態が続いている。そこで、今後はもっと利幅の大きな仕事で、行政頼みではなく、民間からも地域プランニングの仕事を受注できるように、組織自らが実践と実績を積み重ねながら、地域の信用力を高めることを目指して、事業を実施していこうとしている。

Phase 3　組織再構築──スタッフの役割分担と地域との関わり

　長浜まちづくり株式会社は、現在4名のスタッフで組織の運営や事業を行っており、竹村さん以外は全員女性である。竹村さんは、プロジェクトの企画や、行政や民間企業など関係機関との調整など事業全般を担当し、他3名のうち、1名は経理の責任者として、1名は後述する安藤家の施設担当として、グラフィックデザインのスキルも活かして自分たちのアイデアを形にしていく仕事を担当している。残り1名は後述の「湖北の暮らし案内所どんどん」というシェアスペースのキュレーターとして、施設の運営、イベントの企画・実施、情報発信、WEBサイトの運営などを行っている（図9・2）。また、OBである吉井さんには、月に1回程度、安藤家の受付や視察受入の対応などをお願いしている（図9・3、表9・1）。

　竹村さんがまちづくり活動を行っていく上で必要なスキルとして取り上げたのは、「コミュニケーション能力」「人の心の動きを感じ取る洞

地方都市・郊外の市街地

図9・2　長浜まちなか株式会社のメンバー。後ろの建物は湖北の暮らし案内所どんどん

（提供：長浜まちづくり㈱）

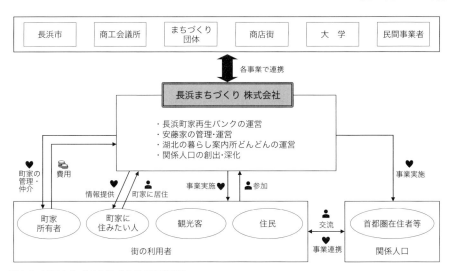

図9・3　長浜まちづくり株式会社の事業構造

活動エリアの特徴	地方都市、商業・観光、城下町
都市計画上の位置づけ	都市計画マスタープラン／都市拠点（中心市街地核）
組織の位置づけ	株式会社
法人設立年	2009 年 8 月
資本金等	5300 万円（長浜市：1600 万円、商工会議所：800 万円、民間：2900 万円）
職員数	4 名（常勤）

表 9・1　基本データ

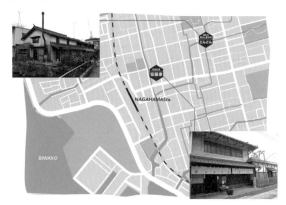

図 9・4　「安藤家」と湖北の暮らし案内所「どんどん」

（提供：長浜まちづくり㈱）

図 9・5　湖北の暮らし案内所「どん
どん」での情報発信

（提供：長浜まちづくり㈱）

察力」「リアクションを興していく力」の 3 つの要素である。竹村さんは前職で都
市計画コンサルタント会社に勤務していたこともあり、「当時は、いわゆるコンサ
ル根性で自らの思いだけで突っ走って仕事を行っていけたが、まちづくり会社の仕
事は、地域の一員として、自分ひとりの力でできる事は限られている。社内だけで
なく地域にいる色んな仲間たちの信頼を保ちながら一緒にチームワークを発揮して
いくことが大切になってくる」と語る。

Phase 4　事業実施──3 つの事業

　長浜まちづくり株式会社は、大きく 3 つの事業を展開している。

　1 つ目は、安藤家の施設管理・運営である。安藤家は、町年寄の十家「長浜の十
人衆」の 1 人として、秀吉から選ばれ、まちの整備や町衆文化の発展に寄与し、さ
らに十家の中で有力な豪商と召され、江戸期には長浜三年寄の一家として、長浜の
発展に大いに力を尽くした（図 9・4）。

　2 つ目は、湖北暮らしの案内所どんどんの運営である。どんどんは、地域コミュ

竹村光雄さん(38)　長浜まちづくり株式会社　風景プランナー・常務取締役

長浜まちづくり株式会社に入社したのは 2012 年 7 月。大学で建築を専攻し、都市計画コンサルタント会社に入社。大学の頃から「身の回りの環境や地域の文化などに興味を持ち、まちをキラキラさせる仕事に就きたいと考えていた」と語る。長浜には民が主体的にまちづくりを行う文化（町衆文化）が根付いており、そこにも魅了され、地元の茨城から長浜に移住した。

(提供：長浜まちづくり㈱)

Q. 地方都市で今後求められるまちづくりとは？

　全国的に地方都市が、その地域／経済の中心地として今後も維持できるかどうか瀬戸際に立たされている状況ではないかと危惧しています。これからは時代に合わせたまちづくりへの転換がポイントとなってくるでしょう。長浜の場合は、まちづくりの長い歴史がある故に、古い慣習やしきたり、既得権益が壁となって苦しい転換になると予想されますが、まちづくり自体をリノベーションして新しい風を入れていきたい。これまで蓄積された歴史、風土、街並み、地方都市ならではの自然環境の豊かさなどを土台として、今の時代に沿ったアレンジを加えて編集していけるのかが重要です。また、長浜というまちは、民の力が強く、公費を充てて安隠とすることが許されない土地柄でもあることから、これからの長浜まちづくり株式会社は、より主体的にビジネスを主眼に置いた経営方針を全面的に打ち出していきたいと考えています。

ニティのハブとして、シェアスペースを利用する事業者や近隣住民などのネットワークが形成されており、プロジェクトを行う際にはその界隈にいるメンバーに呼び掛けてプロジェクトの一端を担ってもらうなど、強いつながりも生まれている（図9・5）。

　3 つ目は、長浜町家再生バンクの運用である。少しずつ増え始めている空き町家の「風通し」を良くするための維持管理を「風通し屋」サービスとして行いながら、町家の所有者と町家での暮らしを希望する人との「橋渡し」を行っている。

Phase 5　事業構想──湖北・長浜の豊かな暮らしへの誘い

　竹村さんは、まちづくり活動を行う中で、長浜で生活する当事者の感覚として、このまちで地域の人々が日々の暮らしを楽しみながら過ごしたり、子どもたちが地域の未来への好奇心を育んでいくには、どのような体験や学びが必要なのかを強く意識している。特に、「子どもたちが将来もこのまちに残って楽しく生きていくことこそ、一番素敵なまちである」と力を込めて語る。

地方都市・郊外の市街地

最近では、実験的に米川（よねかわ）という長浜の旧市街地をおだやかに流れる川に川床をつくって、子どもたちに遊んでもらう野外活動を行っている。ここにはまちなかを流

れる川や近くの琵琶湖など、湖北ならではの水辺空間もある。湖岸の緑地、公園など、地域に暮らす人たちが魅力的なオープンスペースを利用できるよう、これからも様々な仕掛けづくりを検討している（図9・6、9・7）。

（執筆：大西春樹）

図9・6 琵琶湖湖畔のオープンスペースでのイベント
（提供：長浜まちづくり㈱）

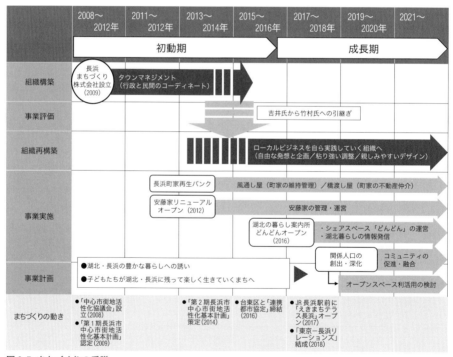

図9・7 まちづくりの系譜

【CASE9 の論点】

Q1 「儲かるビジネス」によって、まちづくり会社の事業が継続する仕組みが模索され、自主事業が展開されています。その経緯や事業内容を改めて整理した上で、あなただったら何から始めるか考えてみてください。

Q2 これまで、次世代が地元に残って活躍できる素地をつくることをしなかったとの問題意識を持っていました。この視点からエリアマネジメントにできることを検討してください。

Q3 "黒壁" 以来、まちづくりの長い歴史がある長浜では、まちづくり自体をリノベーションすることが求められており、豊富な地域資源を上手く活用していく新たな人材やスキルが必要です。長浜で求められる人材やスキルとはどのようなものか、考えてみましょう。また、そのような人材・スキルの育成・向上のためには、どのような方法があるか考えてみてください。

地方都市・郊外の市街地

一般社団法人まちのね浜甲子園
兵庫県西宮市

助け合えるつながりを育む仕組みづくり

ウェルカムパーティの様子

(提供:(一社) まちのね浜甲子園)

[エリアの特徴] #団地 #住宅街
[事業の特徴] #持続可能 #拠点運営 #広場空間活用 #収益
[人材の特徴] #人材育成 #外部人材

I. エリアの特徴とまちづくりの背景

関西有数の大規模団地の再開発

　浜甲子園団地は、高度経済成長期の大阪都市圏への急速な人口集中に伴う住宅不足を解消するために 1962 年に誕生した約 4600 戸を有する大規模団地である（図10・1、10・2）。

　建物の老朽化に伴い、2000 年頃から UR 都市機構による団地の建て替え事業が開始された。また、建物の高層化により生み出された余剰地では、民間事業者による再開発もスタートし、浜甲子園団地エリアの土地利用や地域のコミュニティが大きく変わる契機を迎えた。

再開発による新たなまちの課題

　浜甲子園団地エリアでは、自治会の活動は活発な一方で、従来から団地に住んでいる方の高齢化や独居化が進み、コミュニティの希薄化や担い手不足が問題視されていた。一方で、再開発事業がスタートすることにより、新築の分譲マンションや戸建てが建設されることとなり、多くのファミリー層が移り住み、多世代の住民が混在するエリアへとなることが想定された。

図10・1　浜甲子園団地周辺　　　　　（提供：（一社）まちのね浜甲子園）

　UR 都市機構は、事業パートナー方式での土地売却を進め、コミュニティ創出の仕組みづくりを再開発の公募要件に盛り込む形で、開発事業者が選定された。

　エリアの課題解決、価値向上に取り組むため、一般社団法人まちのね浜甲

図10・2　浜甲子園団地の昔の様子
（提供：浜甲子園団地自治会）

子園は、5 つの開発事業者を正会員（現在は 7 社）、新街区入居世帯を個人会員、各街区の管理組合を特別会員として設立された。事務局は株式会社長谷工コミュニティと HITOTOWA INC. がまちのね浜甲子園より委託を受ける形で担うこととなった。

　都市部におけるコミュニティ形成に特化した HITOTOWA INC. が組織形成や伴走支援を担うことで、住宅街におけるエリアマネジメントの仕組みづくりにおいて、重要な役割を果たしている。

2. エリアマネジメントのプロセス

Phase I　ビジョンづくり──まちの目指す姿の共有

　まちのね浜甲子園の法人設立前より、関係する開発事業者や UR 都市機構と協議を重ね、近隣エリア居住者や近隣団体の方を招いたエリアミーティングを 4 回開催

活動エリアの特徴	団地・住宅街
都市計画上の位置づけ	都市計画マスタープラン／地区計画 立地適正化計画／居住誘導区域
組織の位置づけ	一般社団法人
法人設立年	2016 年
資本金等	無し
職員数	5 名（常勤）

表 10・1　基本データ

するなどして、浜甲子園団地エリアの目指す姿を検討してきた。検討を重ねて決まった目指すまちの姿は、「あたたかなつながり、ぬくもり、やさしさがあるまち」。住民が様々な活動を通じて、より暮らしが楽しくなり、地域が抱える課題を主体的に解決できるような地域づくりに取り組んでいくこととした。特に取組みテーマとして、子育て・健康・防災減災を掲げ、地域の課題やニーズに対応していくことを重要視している。

　しかし、まちの将来像を検討した段階では、当事者となる新街区住民はまだ入居していない状況であったため、その後徐々に住民が増える中で、事業内容や目指すべき将来像の声を取り入れ、変化させながら事業・運営を行っている（表 10・1）。

Phase 2　ビジネスプラン──持続可能な仕組みの構築を目指して

　まちのね浜甲子園の大きな特徴としては、以下の 3 点が挙げられる。

　①**拠点運営を軸とした事業推進**：エリアの緩やかな繋がりづくりや、課題解決の中核となる拠点を運営する。近隣住民のほか、浜甲子園団地自治会、武庫川女子大学、周辺施設などと連携して事業を推進する。

　②**住民スタッフ及び担い手主体の運営体制**：拠点運営や各種事業実施を通じて、地域住民や近隣住民から担い手を発掘し、運営事務局スタッフ及び事業の担い手が主体となった運営体制をつくっていく。

　③**持続可能な仕組みづくり**：住民会費及び、地域課題解決型の事業展開により、補助金に依存せず、有償スタッフを配置できる仕組みを目指す。

　まちのね浜甲子園では、住民が主体となったつながりづくりに寄与する取組みが持続的に行われることを目指している。

Phase 3　事業実施──拠点運営やイベントを通してエリアの価値向上へ

⑴ コミュニティスペース「HAMACO：LIVING」の運営

　まちのね浜甲子園は、3 つの拠点を運営している。1 つは、誰でも気軽に立ち寄ることのできるコミュニティスペース「HAMACO：LIVING」（図 10・3）。

こちらは、ガラス張りになっており、中の様子が見える。中に入ると幼い子どもを遊ばせながら、親どうしがおしゃべりしており、とても活気がある。スタッフの方にお話しを聞くと、「子どもの送り迎えの時間はいつもにぎやか。子どもが大きくなった方からアドバイスをもらったり、同世代の子を持つ親どうしが悩みを相談していたりする」とのこと。

図10·3　コミュニティスペース HAMACO：LIVING

　この拠点が、他のコミュニティスペースと大きく異なる点は、事務局スタッフが常駐しており、訪れた人と丁寧にコミュニケーションをとっていること。住民の悩みを聞き、企画に結び付けていくことも多いという。

　その他にも地域の方がハンドメイド品を売るスペースや、地域の方の寄贈本を自由に読むことのできるスペースなどがあり、子育て世代だけ

図10·4　カフェ OSAMPO BASE

（図 10·3、4 とも提供：（一社）まちのね浜甲子園）

でなく、古くからこのエリアに住む人など多様な人が集うことのできる空間となっている。

(2) カフェ「OSAMPO BASE」の運営

　2つ目の拠点はカフェ「OSAMPO BASE」（図 10·4）。当初、浜甲子園団地の中に新しくできるスペースは利用形態が未定であった。そこで立地条件、地域のニーズ、先のコミュニティスペース「HAMACO：LIVING」とのすみ分けなど検討を重ね、完成した。

　そのコンセプトは、お散歩に最適な浜甲子園エリアの休憩場所でありながら、こだわりの食材や原料を使った健康志向のカフェ。オープンにあたり、近隣の武庫川女子大学の有志 11 名に立ち上げに参画してもらい、店内の内装やインテリア・ロゴデザインの一部は DIY でつくり上げた。

現在は、この団地に永く暮らすシニア層はもちろんのこと、子育て世代の主婦などの常連も増え、近所で外食ができるおしゃれな店として親しまれている。また、動物性の食材を使用しないという特徴も打ち出し、エリア外からも人を呼ぶコンテンツになっている。古くから団地が立ち並ぶ浜甲子園団地エリアの従来イメージを一新するエリアのシンボル的役割も担っている。

⑶ 空きスペース HAMACO:CLASS の運営

　また3つ目の拠点として2020年7月に、団地内の空きスペースを活用した新拠点 HAMACO:CLASS がオープンした。UR都市機構の協力のもと団地内の空きスペースを活用して、エリアの習い事需要に応えながら、エリアへの愛着を育み、財源確保につながる取組みを展開する。

⑷ エリアの価値向上に寄与する活動

　団地中央広場を活用したマルシェイベント「まちのねピクニック」には約30ブースが出店され1000名近い来場者が訪れる（図10・5）。また、月2回のゴミ拾いイベント「まちピカ大作戦」では、住民が中心となった自発的な取組が地域に根付いてきている。これらは、新たな組織の取組みと思われがちであるが、周辺エリアや既存団体との連携を積極的に行うことで、世代や居住歴に関わらず誰もが参加できる多様な取組みである（図10・6）。

Phase 4　組織構築——スタッフの人材育成

　拠点に常駐する事務局のスタッフは、住民の相談やおしゃべり相手になり、自分が得意なことや、やりたい活動を通して、住民を巻き込む取組みを担っている。できる限り公募ではなく魅力的な人材に直接アプローチを行う方法で、地域の近隣住民を中心に適材適所な人材を集めている。

　また、事業を進めていく中でコーディネーター人材の育成の重要性をより考えるようになり、スタッフひとりひとりと個別面談で振り返りや目標について話し合い、常に新しいことへのチャレンジを促している。スタッフがプロジェクトを企画し実行するまでやり遂げることのでき

図10・5　マルシェイベント「まちのねピクニック」
（提供：（一社）まちのね浜甲子園）

る環境づくりなど、人材育成の方法を充実させてきた。

　地域住民や近隣住民を中心にスタッフを採用し、人材育成の内容を充実させてきたのは、将来的に住民主体での運営に移行した際に、組織の内容を理解し、コミュニケーションを取りながら事業のコーディネートを担える人材や事務局を担える人材を育成するためである。

　現在、5名の有償スタッフを雇用しているが、スタッフに関して事務局長の奥河さんは、「正直、スタッフの給料は高くはない。ただ、各スタッフが、まちのね浜甲子園での活動を通して、やりがいや成長を感じ、収入以上の充実感を得ることができるようなサポートや環境づくりを大事にしている」と語る。このような職場の環境づくりも、将来の住民自治への移行を見据えた HITOTOWA INC. による伴走型のサポートと言えるだろう（図 10・7）。

Phase 5　事業計画──住民が主体となる運営への移行を目指して

　前述のとおり、まちのね浜甲子園は、将来的には地域住民が主体となった運営への移行を目指している。そのためのポイントとして奥河さんは、「浜甲子園団地エリアのように、恒久的にかかわる企業がいない住宅地において、エリアマネジメン

住宅地

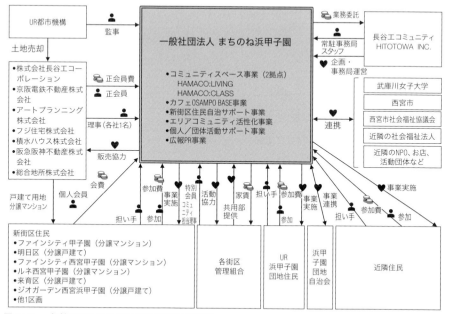

図 10・6　一般社団法人まちのね浜甲子園の事業構造

トを展開していくためには、『財源』と『担い手』を確保し、いかに継続的な仕組みを構築するかが重要だ」と語る。

現在のまちのね浜甲子園の財源確保の取組みは、地域住民からの会費収入はあるものの、拠点に有償スタッフが常駐した仕組みを構築していくには更なる財源確保が必要である。引き続き、スペースの貸切利用や物販、カフェでの収入など様々な事業を行いながら収益を上げる仕組みを模索し、確立したうえでの住民運営への移行を目指している。

担い手の確保については、まちのね浜甲子園設立当初は、

図10・7　スタッフ間での打合せ　（提供：（一社）まちのね浜甲子園）

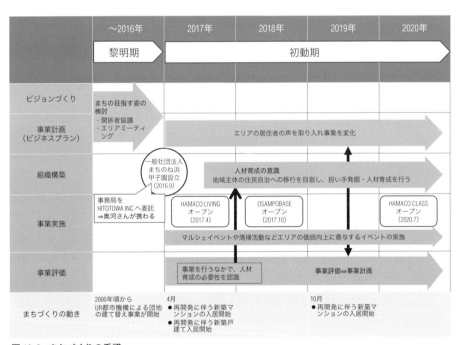

	〜2016年	2017年	2018年	2019年	2020年
	黎明期	初動期			
ビジョンづくり	まちの目指す姿の検討				
事業計画（ビジネスプラン）	・関係者協議 ・エリアミーティング	エリアの居住者の声を取り入れ事業を変化			
組織構築	一般社団法人まちのね浜甲子園設立（2016.9）	人材育成の意識 地域主体の住民自治への移行を目指し、担い手発掘・人材育成を行う			
事業実施	事務局をHITOTOWA INC.へ委託⇒奥河さんが携わる	HAMACO:LIVINGオープン（2017.4）	OSAMPOBASEオープン（2017.10）		HAMACO:CLASSオープン（2020.7）
		マルシェイベントや清掃活動などエリアの価値向上に寄与するイベントの実施			
事業評価		事業を行うなかで、人材育成の必要性を認識	事業評価⇔事業計画		
まちづくりの動き	2000年頃からUR都市機構による団地の建て替え事業が開始	4月 ●再開発に伴う新築マンションの入居開始 ●再開発に伴う新築戸建て入居開始		10月 ●再開発に伴う新築マンションの入居開始	

図10・8　まちづくりの系譜

HITOTOWA INC. の事務局スタッフがイベントの企画を行っていた。現在ではもともと参加者だった近隣住民が企画し、それを住民である事務局スタッフがサポートする体制が多いという。担い手が増えてきている理由としては、まちの課題や魅力に対して自分がやりたいと思うことを会話する場があること。またイベントの参加者が企画を行うスタッフになるまで徐々にステップを踏んでいくように上手く巻き込んでいっているからだと考えられる。

　また、既存の浜甲子園団地自治会や周辺施設・大学などとも具体的な事業や日々のコミュニケーションを通じて良好な関係を築いている点も、特徴と言える。

　以上のように、財源の基盤確保と担い手発掘・人材育成に取組みながら、いずれは、住民が自らまちの課題のための企画を通して自己実現ができる仕組みづくりを

エリマネびとにせまる！

奥河洋介さん(40)　まちのね浜甲子園事務局長・HITOTOWA INC. 執行役員

都市部における近所の助け合いを通じた課題解決を担う「ネイバーフッドデザイン事業」を各地で展開する HITOTOWA INC. 所属。複数のデベロッパーや住民で形成される住宅街でのエリアマネジメント組織の運営を現場で担いながら将来の住民引継ぎを目指してる。
個人として過去に、途上国の村落部、国内の過疎集落や被災地、都市部の自治組織運営支援などに外部者として数年単位で関わり、自立を促す役割を経験してきた。将来的に地域の自走が求められているエリアにおける関わり方について聞いた。

(提供：(一社) まちのね浜甲子園)

Q. まちのね浜甲子園に関わる時に心がけたことは？

　地域に徹底的に寄り添うことです。委託を受けてまちに携わる外部人材ですが、地域で暮らす人との会話や活動への関わりを通して、地域の特性や課題、関わる人についてしっかり把握することがまずは大切だと思っています。最初の半年程度は、正直よそもの感があって苦労しましたが、一緒に良い地域をつくる仲間だという信頼関係をつくろうと日常を積み重ねました。地域の方のまちに対する想いがベースとなり、外部者の視点で応援しながら、その想いを具体的に活かせる活動や仕組みづくりをできればと考えています。

Q. 住民自治への移行を目指す中での地域との関わり方のポイントは？

　私自身がずっとまちの担い手で居続けることはできないので、関わる人を発掘して育てていくことを強く意識しています。一方で全てを担ってくれる人が最初からみつかることが現実的とは言えません。拠点運営やイベントなどへの参加者に少しずつ手伝ってもらいながら、担ってもらう領域を広げ、徐々に意志を持って担い手になってもらうことを意識しています。まちのね浜甲子園に関わることで、充実感や地域への愛着を持つ人が広がっていくことを目指しています。

行っている。またその企画やコミュニティ拠点を通じて地域の方どうしの顔が見える関係が構築され、いざという時にお互いに助け合える新しい住民自治の仕組みづくりが展開されている（図10・8）。 （執筆：小川将平）

【CASE10 の論点】

Q1 団地再生におけるエリアマネジメントの目的は何でしょうか？　本事例では、それを達成するためにどんな事業が行われていますか？　これらをまとめて、さらに良い事業にするためのあなたの提案や考えをまとめてみてください。

Q2 まちのね浜甲子園では、持続可能なまちづくりの仕組みの構築を目指し、当初から、補助金に頼らないビジネスプランを検討しました。持続的にまちづくりを継続していくためにはどんなことが必要だったでしょうか。

Q3 今後は「将来の住民自治への移行」に向けて、財源と人材の確保が重視されています。適切な人材確保のためにどのようなことができるでしょうか？

CASE 11 一般社団法人まちにわ ひばりが丘
東京都西東京市、東久留米市

民間デベロッパーの支援により
住民主体のエリアマネジメントを計画的に育成

ひばりが丘団地

フラワーショップ

キッチンカー

カフェ

ハロウィンイベント

（上段左・中段右・下段の写真提供：（一社）まちにわ ひばりが丘）

［エリアの特徴］　#住宅地　#都市郊外
［事業の特徴］　#持続可能なスキーム（ひとの循環、活動の循環、収益の循環）
［人材の特徴］　#住民　#企業　#専門家

住宅地

I. エリアの特徴とまちづくりの背景

団地再生事業を契機にエリアマネジメントがスタートした住宅団地

　東京都西東京市と東久留米市にまたがるひばりが丘団地（図 11・1）は、2714 戸を有する首都圏初の大規模団地として 1959（昭和 34）年に建設された。UR 都市機構（以下 UR）によって 1999 ～ 2014 年に団地再生事業が進められた。UR 賃貸住宅の建替とあわせ、その高層化などによって生み出された敷地（所有権）を複数の民間デベロッパーが取得し、分譲住宅、高齢者福祉施設などが建設された。

　新しいひばりが丘団地では「多様な世代が安心して活き活きと住み続けられるまちづくり」が標榜され、その具体策のひとつとして、住民主体のエリアマネジメントが目指された。2014 年、理事（民間デベロッパーの社員）、正会員（分譲街区の管理組合、民間デベロッパー）、事務局（専門家（常駐）、住民）などにより構成されるエリアマネジメント組織「（一社）まちにわ ひばりが丘」が設立された。当該法人は 2020 年 6 月に理事・正会員・事務局の全てを地域内外の住民が担う体制に移行した。

図 11・1　ひばりが丘団地周辺エリア
（出典：『ひばりが丘団地 団地再生事業』
UR 都市機構、2017 年 8 月、p.2）

ひばりが丘団地におけるエリアマネジメントのターゲット・目標

　まちに住む人たちがお互いにつながり、日常をより楽しく、困った時には助け合えるような関係をつくっていきたい。東京郊外の典型的な住宅地であるひばりが丘団地のまちづくりの課題はシンプルである。

　そのため、エリアマネジメントのターゲット（顧客）を「生活者」として位置づけ、住・学・遊の魅力づくりを展開することによってエリア的な "ひばりが丘ブランド" を創造し、そのブランド価値が収益や人材確保を導くことが目指された（図 11・2）。

生活者をターゲットとした多様な仕掛けにより、
エリアとしての "ひばりが丘ブランド" を創造

図11・2　ターゲット・目標

（出典：（一社）まちにわひばりが丘へのインタビュー（以下、「インタビュー」）を元に筆者作成）

2. エリアマネジメントのプロセス

Phase 1　ビジョンづくり
──住民主体のエリアマネジメントを志向

ひばりが丘団地は、住宅地であるがゆえに、東京都心の商業・業務地のように大きな収益が定期的に見込まれる施設運営や事業展開を想定することが難しく、かつ、特定の企業などから継続的な支援を受けることも難しいと予想されていた。

そのため、地域住民が主体となってエリアマネジメントを運営する前提のもと、生活者のニーズや課題を捉えた多様な取組を積み重ねていくようなエリアマネジメントのビジョンがイメージされた（図11・3、表11・1）。

①まちづくりの進展、将来的な課題に的確に対応する

想定される居住・来街人口の増加、まちづくりの課題（文化・交流、子育て・教育、高齢者の生きがいづくり、交通、防災 等）を踏まえた取組み

②ひばりが丘をとりまく需要を捉え、地域資源を成長させる

ひばりが丘地区の魅力である共助・参加が盛んなコミュニティ、団地施設等のストック、豊富な自然環境の積極活用、景観形成

③住民主体の自立・自律的なエリアマネジメントを計画的に育成する

民間デベロッパーがエリアマネジメント立ち上げのための資金拠出・人的リソース等を提供、初動5か年を事業者等による支援期間と位置づけ専門家を派遣（伴走支援）

図11・3　ビジョンのイメージ

（出典：各種資料、インタビューを元に筆者作成）

Phase 2　事業計画──民間デベロッパーとURが計画的に下支え

団地再生事業の当初から、一過性の交流や点的な取組みでなく、「時間軸」と「個々の事業（主体）を超えたエリアの広がり」を明確に意図したまちづくりが計画的に進められた。事業計画における特徴は、民間デベロッパーとURが、住民主体のエリアマネジメントの持続的な発展を「下支え」するための支援を計画的に実施した点にある。具体的には、民間デベロッパーは人的・財政的な支援を、URが継続提供可能な賃料設定のもとで施設などの提供を行った（図11・4）。

活動エリアの特徴	住宅市街地
都市計画上の位置づけ	用途地域／第一種低層住居専用地域、第一種中高層住居専用地域、近隣商業地域（西東京市）、第一種中高層住居専用地域、近隣商業地域（東久留米市） 都市計画マスタープラン／住環境創出拠点・みどりの拠点（西東京市） 生活拠点（東久留米市） 地区計画／ひばりが丘地区（西東京市）
組織の位置づけ	一般社団法人
法人設立年	2014 年
会員構成	正会員 7 者、賛助会員法人 1 社および個人 20 名 個人会員約 800 名（2020 年 6 月現在）
職員数	常駐 2 名、パート 6 名（2020 年 6 月現在） その他（まちにわ師登録）：約 40 名（2020 年 6 月現在）

表 11・1　基本データ

図 11・4　事業計画の特徴

Phase 3　組織構築──民間デベロッパーの伴走支援でノウハウ獲得

　組織構築に際しては、民間デベロッパーが「人材育成」を明確に意図した支援を行った。具体的には、「（一社）まちにわ ひばりが丘」設立後の最初の 5 年間（2015〜2019 年）について、民間デベロッパーが役員（理事など）となって法人経営を軌道に乗せるとともに、事務局への専門家の常駐派遣が行われた（以下、「伴走支援」という）。伴走支援期間中は、住民などのスタッフが OJT のなかで事業・実務のノウハウや人的ネットワークを蓄積した。

　また、UR は「（一社）まちにわ ひばりが丘」に旧団地施設（118 号棟）を提供（賃貸）している。ここにエリアマネジメントの拠点としての「ひばりテラス 118」が整備・運営されており、「（一社）まちにわ ひばりが丘」は UR から賃借した施設を活用した事業を展開している。

　2020 年 6 月以降は、伴走支援のなかで獲得したリソースを活用しながら、地域

岩穴口康次さん　2020年6月に新代表理事に着任

　私は現在、ひばりが丘に隣接するまちに住んでおり、もともとは「まちにわ師」としてボランティアになったことが、ひばりが丘のエリアマネジメント組織の運営に参加するきっかけです。同じ「まちにわ師」の妻は、ひばりが丘団地で生まれ育った生粋のひばりっ子です。夫婦そろってひばりが丘のエリアマネジメントに携わっています。これからは、地域の課題解決のためのアンテナを一層高くしていきたいと考えています。

　新しい体制となり、本当の意味での第一歩となります。更なるコミュニケーションを図りたいと考えています。

若尾健太郎さん　2020年4月に新事務局長に着任

　2018年度から事務局の一員として加わりました。ひばりが丘団地は小さい頃から馴染みのある地域です。現在の本業は、西東京市のまちづくりプロジェクトや地方のNPO支援の仕事に携わっています。まちにわひばりが丘では、専門性を活かして多世代が交流し、助け合えるコミュニティづくりに貢献していきたいと考えています。

　今後は新事務局長として新しいまちにわひばりが丘の舵取りに臨みます。住民の意見を取入れ、連携を深めるべく、コミュニケーションを深めていきたいです

青木留美子さん　事務局スタッフ

　住宅地、まちづくりやエリアマネジメントに関心がありスタッフに応募しました。

　私は6人いるスタッフの一員としてひばりテラス118での受付・案内や、スペース利用スケジュールの調整、アンケート調査などに携わっています。人が相手であり、人とつながることが必要な時など、なかなか目に見えた成果が得られないと感じることもあります。一方、この仕事を始めて4年になり、新たな責任感も芽生えてきました。ひばりが丘のエリアマネジメントは新しいフェーズに入るのでこれから見えてくることも多いと感じています。

髙村和明さん　前事務局長 HITOWA INC.

　事務局長として丸5年間、まちにわひばりが丘に常駐しました。住宅団地で組織づくりと事業運営に一から関わるのは初めてで、手探りで駆け抜けた5年間でした。住民の方々と、まちの中での何気ない挨拶や世間話をしていることに気づいた時、このまちで「暮らしている」ことを実感できました。自分たちの日々の取組みがコミュニティ形成につながっていると感じる時が喜びの瞬間です。僕は同じ西武線の所沢育ちですが、ひばりが丘は第二の故郷と思っています。

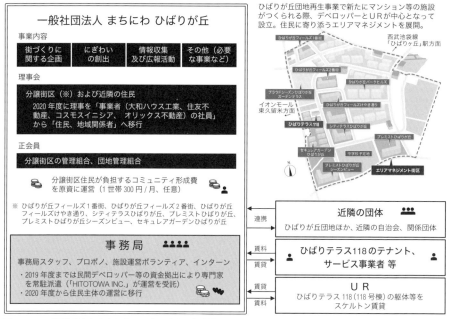

ひばりが丘団地再生事業で新たにマンション等の施設がつくられる際、デベロッパーとURが中心となって設立。住民に寄り添うエリアマネジメントを展開。

図 11・5　一般社団法人まちにわ ひばりが丘の事業構造

内外の住民のみの運営体制によって、収益事業を含む多様なエリアマネジメントが展開されている（図 11・5）。

Phase 4　事業実施──拠点施設をベースにして多様な事業を展開

「ひばりテラス 118」は、幅広い交流や情報発信を行う拠点となっており（図 11・6）、大小 6 つのコミュニティスペース、飲食ができるカフェ、フラワーショップ、共同菜園、雑貨などの販売スペースなどがある。「（一社）まちにわ ひばりが丘」は、テナント賃貸（転貸）業やコミュニティスペース貸の他、共同菜園、芝生の広場、カーシェア、シェアサイクルなどの収益事業を実施している。

　また、エリア内外への情報発信として、季刊紙「AERU」の発行（4 回／年）、ウェブサイト・facebook の運営、メールマガジンの発行とともに、ひばりが丘団地の視察を他地域・他団体などから受け入れる「エリアマネジメントツアー」の実施や講演依頼の対応などに取組んでいる。

Phase 5　事業評価──「ひと」「活動」「収益」を循環させる

　ひばりが丘のエリアマネジメントが将来にわたって継続していくための工夫について、「ひと」「活動」「収益」の 3 つの要素の「循環」の観点から特徴を整理する

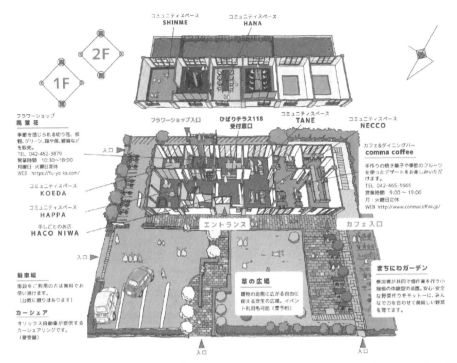

コミュニティスペース
SHINME

コミュニティスペース
HANA

2F

1F

フラワーショップ
風 葉 花

季節を感じられる切り花、枝
物、グリーン、鉢や苗、雑貨など
を販売。
TEL 042-452-3879
営業時間 10:30〜18:00
月曜日・火曜日定休
WEB https://fu-yo-ka.com/

フラワーショップ入口

ひばりテラス118
受付窓口

コミュニティスペース
TANE

コミュニティスペース
NECCO

カフェ&ダイニングバー
comma coffee

手作りの焼き菓子や季節のフルーツ
を使ったデザートをお楽しみいただ
けます。
TEL 042-465-1665
営業時間 9:00〜19:00
月・火曜日定休
WEB http://www.commacoffee.jp/

コミュニティスペース
KOEDA

コミュニティスペース
HAPPA

手しごとのお店
HACO NIWA

エントランス

カフェ入口

草の広場

建物の北側に広がる自由に
使える芝生の広場。イベン
ト利用も可能（要予約）

まちにわガーデン

参加者が共同で畑作業を行う小
規模の体験型の菜園。安心・安全
な野菜作りをモットーに、みん
なで力を合わせて美味しい野菜
を育てます。

駐車場

施設をご利用の方は無料でお
使い頂けます。
（台数に限りはあります）

カーシェア

オリックス自動車が提供する
カーシェアリングです。
（要登録）

入口

入口

入口

図11・6 ひばりテラス118のフロアマップ 　　　(出典：ひばりテラス118リーフレット、（一社）まちにわ ひばりが丘)

ことができる。

　1つ目は、「ひとの循環」を図る「まちにわ師養成講座」である。これは、プロボノ人材を発掘・養成することを目的として、「（一社）まちにわ ひばりが丘」が計3回講座の受講希望者を募り、スキルを学んだ受講者がチームに別れてまちづくりの活動をスタートさせるものである（図11・7）。

　2つ目は、「活動の循環」を図るため2015年度から実施されている「定期アンケート調査」である。ひばりが丘におけるエリアマネジメントの取組みが地域の居住者にどう受け止められ、どのような効果を生んでいるのか、また、今後の活動のなかでどのような課題が存在し得るかを明らかにするものである（図11・8）。

　調査票は、「まちにわの認知度とイベントへの参加状況」「まちにわ」の活動への参加状況・意向と賛同」「『ひばりテラス118』の利用状況と認識・期待」「地域のつながりの現状と変化」「まちへの認識」などの項目からなり、この結果からエリアマネジメントの現状分析などを行い、課題・ニーズを発見し、対応策の検討や新

たな取組みによる課題解決を図ることが目指されている。

　3つ目は、多様な収益事業の展開である。特に、URの施設提供などにより運営される「ひばりテラス118（エリアマネジメントの拠点施設）」を積極的に活用し、地元による自立的・自律的なエリアマネジメントが将来にわたって継続するための収益基盤の確立（収益事業など）が目指されている。

　得られた事業収益については、「活性化の取組み」や「情報発信」などの非収益的な活性化の取組みに充当し、"ひばりが丘ブランド"を創造・育成しながらエリアマネジメント全体に収益事業の成果が循環することが目指されている（図11・9、11・10）。

（執筆：秋田憲吾）

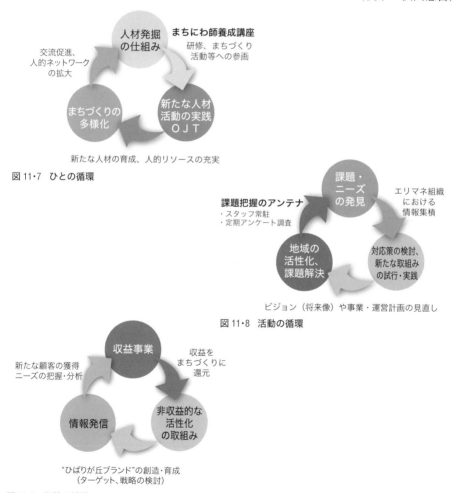

図11・7　ひとの循環

図11・8　活動の循環

図11・9　収益の循環

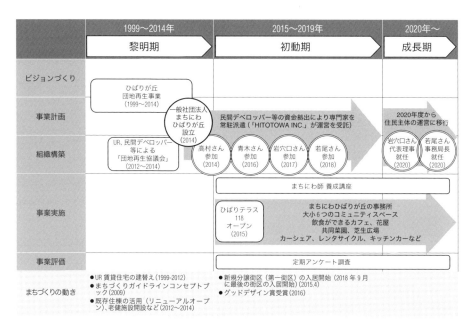

図 11・10　まちづくりの系譜

【CASE11 の論点】

Q1　新しくエリアマネジメントの取組を始め、継続させていくために、実に多くの支援があったことが分かります。どのような支援がどのような仕組み（ビジネスモデル）を生み出したのか、その中でどこから収益を得て、どのような目的に向けて還元しようとしているのか。事例を整理するとともに、より良い形を考えてみてください。

Q2　住宅地といえば、自治会・町会などの地縁団体の他、活動者や教育機関など、多様な主体が存在します。ここで、エリアマネジメント組織でないとできない連携とはどのようなものでしょうか？　考えてみてください。

CASE 12 一般社団法人二子玉川エリアマネジメンツ
東京都世田谷区

企業・住民・行政が助け合える、つながりを育む仕組みづくり

多摩川の情景

（© 小林直子）

[エリアの特徴] # 住宅地 # 都市郊外
[事業 の 特徴] # 収益 # 拠点運営 # 道路空間活用 # 河川空間活用
[人材の特徴] # 外部人材（企業） # 内部人材

　東京の西の玄関口に位置する二子玉川では、住民や企業など地域が行政と連携しつつ主体性と一体性を持って取り組むまちづくりが行われている。特に地域の自然資産である多摩川とその水辺空間を活用し、まちの新たなつながりと魅力アップに取り組んでいる。

I. エリアの特徴とまちづくりの背景

16.5 万人を超える乗降者数

　1920 年当時、駅の乗降者数を支えたのは多摩川河川敷の行楽地と 1922 年に開設された「玉川第二遊園地」だった。様々な催し物が開催され、最盛期には、年間

図 12・1　二子玉川路線図　　　　　　　　　　　（出典：二子玉川ライズオフィスパンフレット）

60 万人の来街者があったとか。そ
の後、1969 年に国内初の本格的な
郊外型ショッピングセンターとして、
駅西側に玉川髙島屋 S・C が開業。
2011 年には駅東側に二子玉川ライ
ズが開業し、乗降者数は安定的に増
加。渋谷駅へも急行電車で 10 分と
通勤の上でも便利なまちである（図
12・1）。

図 12・2　二子玉川の街並み　　　　　　（© 小林直子）

それぞれに抱く「二子玉川」を大切につなげるまちづくり

　二子玉川駅東側の再開発が約 30 年に及ぶ期間を経て、2015 年に完了。映画館、
オフィス棟なども建設され、二子玉川が大きく変わった。住宅マンションも建設さ
れ、若年ファミリー世帯が多いイメージのエリアだが、世田谷区全体と比較して
20 代前半以下の人口比率が少なめであるという統計も出ている。昔からこのまち
に住む人、新しく住み始める人が混在している地域なのだ。二子玉川が大きく変わ
ろうとするなか、様々な人たちがそれぞれに抱く「二子玉川」の姿を共有しながら、
これからのまちづくりにつなげていくことを大切に、二子玉川 100 年懇話会まちづ
くり研究会が開催されていた（図 12・2）。

2. エリアマネジメントのプロセス

Phase 1　ビジョンづくり── 100 年先を見据えたまちづくり

　再開発が進められる中、2009 年に世田谷区が策定した「二子玉川まちづくり基本方針」を契機に、「100 年先を見据えたまちづくり」を考えるための会が立ち上がっていた。それが前項でも述べた「二子玉川 100 年懇話会」。地域の関係団体、小学校や PTA、世田谷区、玉川警察署、二子玉川にある 2 つの商店街、玉川髙島屋 S・C、開発に関わる東神開発、東急電鉄（当時）などとともに、隔月の情報・意見交換などが行われていた。この懇話会から、まちづくりの課題に取り組む有志のプロジェクトも生まれ、市民が主体的にまちにかかわる活動が実施されていた。その既存の活動から伝わる二子玉川の魅力を活かした、ビジョンづくりが進められ、歴史や自然など地域の資源を最大限に活用し、住民・企業・行政が連携し一体性を持って行うまちづくりが描かれた（図 12・3、表 12・1）。

Phase 2　事業計画──自立的で持続性のあるまちづくり

図 12・3　ビジョンづくり　　　　　(© 小林直子)

　既存のまちづくり活動のうち、一部を事業化し収益を得る仕組みを構築することでその収益を配分していくなど、自立的で持続性のあるまちづくりを目指し、2015 年に任意団体の「二子玉川エリアマネジメンツ」が発足した。事業の柱は以下の 3 つ。

①水辺空間利活用…住民や企業か

活動エリアの特徴	駅周辺、商業・住宅・オフィス・水辺あり
都市計画上の位置づけ	都市計画マスタープラン／地域拠点 立地適正化計画／都市機能誘導区域
組織の位置づけ	一般社団法人
法人設立年	2019 年
資本金等	70 万円
会員構成	3 社（玉川町会・東神開発・東急）
職員数	6 名（役員 7 名）

表 12・1　基本データ

らの企画提案を取り入れながら、水辺空間利活用のイベントなどを実施。そこで得た利益を地域へ還元する。

②公益還元…二子玉川の自然資産である多摩川と水辺環境の保全と安全利用の意識を普及・啓発することを目的とした活動「かわのまちアクション」を定期的に行う。

③まちづくり支援・協力…まちづくり活動を支援し、まちの新たな魅力向上をめざして水辺とまちなかをつなぐ企画などを推進する。

事務局の内野洋介さんは、「二子玉川は、まちでこんなことを実現したい！とい

内野洋介さん(33)　東急株式会社 ビル運営事業部運営第二グループ二子玉川営業推進担当

© 小林直子

2017 年に国際事業部から現在のビル運営事業部に配属。2018 年 4 月より二子玉川エリアマネジメンツの事務局を担当。行政、地域住民、法人に関わるスタッフの方々と協働体制を築き、一般社団法人の設立業務、都市再生推進法人の指定、都市再生整備計画の素案策定などに尽力。

Q. 都市再生推進法人の指定における役割は？

都市再生推進法人の指定要件としては、法人格が必要で、まずは一般社団法人の設立を滞りなく速やかに行うことが必要でした。法人の設立業務にあたっては、専門の方々のお力も借りながら、会計や税務、法律上の手続きなど、逐一調べながら進め、設立後は任意団体の時には行き届いていなかった組織体制や諸規程の整備に取り組みました。都市再生推進法人の指定に関しては、世田谷区内における初めての事例でした。世田谷区玉川総合支所街づくり課の方々にも助けて頂きながら、申請に関わる資料の取り纏めを行いました。その結果、法人設立から約 1 年と、想定よりも短い期間で指定を受けることができました。

Q. 都市再生整備計画の素案を作成する際に大変だったことは？

計画素案作成も初めての経験。他事例を積極的に収集するとともに、国土交通省のホームページに出ている資料をダウンロードして読み込むことから始めました。正直、初めて見る用語も並んでいて、読解にまず時間がかかりました。国土交通省 関東地方整備局や京浜河川事務所の方々とも協議しながら、都市計画や建築の部門に精通したスタッフと分担して素案をつくり込みました。素案を策定する過程で苦労したのは、実施したい事業の中身の精査と優先順位付け、そして KPI（目標を定量化する指標）の設定です。

Q. 都市再生整備計画内の事業を絞るのに留意した点は？

実現可能性の高さや優先的に進めるべき事業は何か、自分たちの実現したい風景とまちにとって必要なことを整理しながら、総合的に判断して計画に入れる事業を絞っていきました。エリアマネジメントの事業としてやるからには、単なる営利目的や単発のものではなく、今この地域に必要で、まちの持続的発展に寄与するかどうか、という点に留意しました。

住宅地

うユニークなアイデアを持った企業や市民の方々が大勢います。私たちは、そういった方々の支援やサポートをすることで、自立的で持続性のあるまちづくりにつながれば良いと考えています」と話す。

Phase 3　組織構築──住民、企業、行政が連携したまちづくり

　任意団体の二子玉川エリアマネジメンツが発足したのは、市街地再開発事業が完了した2015年。構成会員は玉川町会、東神開発、東急電鉄（当時）の三社で、アドバイザーとして世田谷区が加わった。回遊性のある一体的なまちづくりを目指し、にぎわいと自然環境との調和がとれた二子玉川地域の魅力向上を図ることを目的として設立。地域住民と再開発を進めた企業が行政と連携しつつ主体性と一体性を持ってまちづくりに取り組む体制である。2018年、公共空間活用を本格的に進めるため、都市再生推進法人を目指すことを決定し、2019年に一般社団法人二子玉川エリアマネジメンツを設立。2020年には世田谷区第1号となる、都市再生推進法人に指定された（図12・4）。

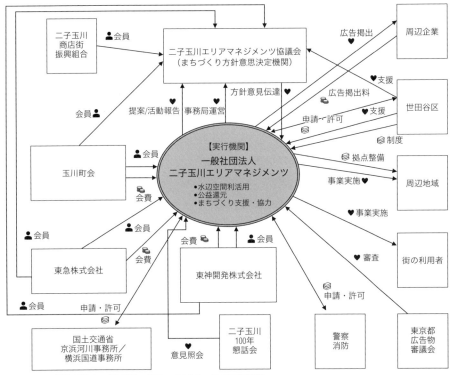

図12・4　一般社団法人二子玉川エリアマネジメンツの事業構造

Phase 4　事業実施——楽しさを土台にした Fun Base なまちづくり

　先に挙げた3つの事業の柱に沿った活動を推進し、既存で行われていたイベントの継続や発展に寄与するように支援を実施してきた。2019年には、情報発信と交流活動の拠点となる「Futako Fun Base」を二子玉川ライズの一角にオープン。二子玉川（Futako）地域に関わる人々やまちづくり活動に興味がある方々にとって、たくさんの楽しさや仲間（Fun & Fan）が生まれるような拠点や土台（Base）になればという思いを込めて、名付けられた。二子玉川エリアのイベント、防災、調査・研究情報などを提供し、地域のまちづくり活動に関心がある人々の情報交換・交流の場としても活用されることを想定している（図12・5）。

　「Futako Fun Base」には地域の方が頻繁に顔を出し、まちの拠り所となる可能性を感じさせる。避難所情報やハザードマップなどを求めに初めて訪れる方も多い。

　2020年の夏には、コロナウィルス感染予防対策として、国土交通省による時限的な道路使用の規制緩和に伴い、二子玉川商店街振興組合と協働して「二子玉川のみちを、まちのリビングへ」をキャッチコピーとした道路使用の取組みを行った。

　既に行われている歩行者天国の時間帯に区道及び国道の道路占用申請を行い、路上利用営業を可能にすることで、店舗の利用可能な座席数の維持や店内の密集を避けることを目指した。この取組みを経て、内野さんは「商店街とまちづくりについて話し合う機会を持つことができ、また、住民や来街者が集い、交流や接点を持つ場をつくることができた」と振り返る。

Phase 5　事業評価——新たなつながりと魅力アップに取組むまちづくり法人

　2019年度からの5ヵ年計画では、「回遊性のある街づくりを推進し、にぎわいと自然環境との調和がとれた 二子玉川地域の魅力向上を図るとともに、地域住民の防災意識・自然環境の保全意識を醸成する」ことを目標に掲げている（図12・6、12・7）。

　具体的には以下の3点である。
・まち、都市公園、河川敷が一体となった地域のにぎわいの創出
・まちづくり活動を行う人材の交流と育成
・啓発活動などによる地域の防災意識と自然環境の保全意識の向上
　上記を果たすために都市再生推進法

図12・5　一般社団法人二子玉川エリアマネジメンツのメンバー

（© 小林直子）

住宅地

人の指定を受け、2020 年に都市再生整備計画作成の提案を世田谷区に対して実施。また、その都市再生整備計画において、関連事業として位置づけられている「屋外広告物を活用したエリアマネジメント支援事業（二子玉川駅交通広場への広告物の

図 12・6　自然環境の保全意識の向上 （© 小林直子）

図 12・7　地域の資源を活用しまちを楽しむ
（© 小林直子）

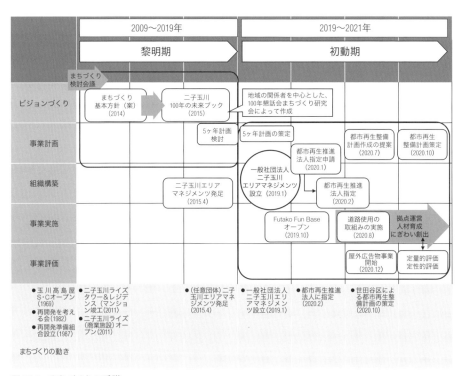

図 12・8　まちづくりの系譜

掲載・管理運営）」を開始した。

　本事業で得られる収益は、二子玉川エリアのまちづくり活動へ還元し、自立的で持続性のあるまちづくりといった循環サイクルを生み出すことに役立てる予定だ。

　内野さんは「都市再生整備計画に掲げた KPI（目標を定量化する指標）も見据えながら、2023 年度には目標を達成し、まちの新たなつながりと魅力アップに取り組むまちづくり法人を目指したい」と意気込む（図 12·8）。　　　（執筆：葛西優香）

【CASE12 の論点】

Q1　再開発のプロセスの中で、地元自治会や行政も巻き込んだエリアマネジメントが生まれた形でした。その目的やビジョンはどのように共有されたのでしょうか？ 事例から経緯を具体的に整理し、今後、再開発事業などが進む時にどのようにエリアマネジメントの議論を始め、組織づくり、事業構築をすべきか検討してください。

Q2　今後の収益モデル、その収益の地域還元をどのように進めるべきか、考えてください。

Q3　再開発事業に関わる企業の人材が中心となり、エリアマネジメントが遂行されています。しかし、企業の方は、部署異動の可能性もあります。Q2. で検討した収益モデルを推進するためにも、既に活動に関わっている、またこれから関わる地域住民の方々にどのような意識を持ってもらう必要があると考えますか。またその意識醸成を図るには、どのような工程が必要でしょうか。

住宅地

一般社団法人草薙カルテッド
静岡県静岡市

既存組織のリ・ビルドでまちを変える

整備後の JR 草薙駅及び駅前広場。一般社団 法人草薙
カルテッドはイベント広場などの利活用を進めている

[エリアの特徴]　#都市郊外　#駅周辺　#商住混在
[事 業 の 特 徴]　#非収益　#広場空間活用
[人 材 の 特 徴]　#内部人材　#商店会長　#町内会長

I. エリアの特徴とまちづくりの背景

漠然とした不安に眠れぬ日々

　「あの時は、このまちがどうなっていくんだろうと思うと不安で不安で眠れなか
ったよ」。そう笑って話すのは、一般社団法人草薙カルテッドで共同代表を務める
山本洋平さん。九州で生まれ育ち東京で SE として働いた後、結婚を機に静岡市に
転居し草薙商店街に位置する妻の実家の家業を手伝いつつ、2012 年に健康・介護
サービスを営む会社を起業。2014 年、若くして草薙商店会の会長に抜擢された山
本さんは、「倒産しかけた」商店会をどう立て直すか、そして駅周辺で計画が進め
られている市街地再開発事業や駅周辺整備事業などで様変わりしていくこのまちと

どう向きあっていくかを悩みながら、若い商店主を集めた週例勉強会「朝活」を始めるなど試行錯誤を繰り返していた。

ここ草薙駅周辺地区は、人口約70万人を擁する政令指定都市・静岡市の地域拠点（静岡市都市計画マスタープラン）として位置づけられたエリアだ。JR東海道線と静岡鉄道の2つの駅が近接しており、エリアの南側にある商

図13・1　草薙駅周辺エリア

店街を抜けると日本平へと向かう丘陵地に閑静な住宅街が広がる。日本武尊伝説で有名な草薙神社、県立大学や県立美術館、県立中央図書館など文教機能が集約しているのが特徴だ。一方で駅の北側の国道1号側は高度経済成長期以降、工業エリアとしての土地利用が進みつつ、地銀の雄・静岡銀行の本部が位置するなど、市の経済発展を下支えしてきたエリアでもある（図13・1）。

このような環境の中、草薙駅周辺では市街地再開発事業・南北駅前広場整備・JR駅舎橋上化・道路整備・個別建替え、あるいは大規模な土地利用転換などの公共事業・民間事業が同時多発的に進められている。他方、地域経済循環の中枢を担うべき商店会の先行き不透明感が、冒頭の山本さんの「眠れぬ日々」を生み出していた。

ピンチをチャンスに。人のつながりこそがまちのリソース

官・民双方の各事業が個別バラバラに進みまちとしての一体感の欠如や「つくって終わりの駅周辺」となることによる活力の低下が懸念されていた草薙駅周辺地区。そこで静岡市はまちの課題や将来像の検討・共有をはかり地域主体のまちづくりを進めるべく、有識者（工学院大学・遠藤新教授）を座長に、連合自治会・商店会・再開発組合・金融機関・教育機関・行政などからなるまちづくりのプラットフォーム「草薙駅周辺まちづくり検討会議」を2015年に設置した。山本さんは商店会長としてこの検討会議に参画することになったが、山本さんと筆者の関係もこの頃に遡る。若き商店会長・山本さんの口癖は「ピンチをチャンスに！」。景観・活性化・

担い手など様々な課題がある中で行政が設置した検討会議の場を最大限に活用し、人的ネットワークをつくりながら新しいまちづくりを進めるチャンスと捉え、まちづくりに関わっていったという。

　山本さんは検討会議が始まった当初をこう振り返る。「検討会議はまちづくりの大きなエンジンになった。ここでの議論やコミュニケーション、そして人的ネットワークにより物事が進むようになったことは何にも代えられない価値だった」。

2. エリアマネジメントのプロセス

Phase 1　ビジョンづくり──全てのスタート、まちづくりビジョン

　「草薙駅周辺まちづくり検討会議」の最初のアウトプットは、草薙駅周辺に関わる全ての人が将来の草薙駅周辺に対する"目標と想い"を共有しながら草薙駅周辺のまちづくりを進めていくための手引き「まちづくりビジョン」をつくることだった。まちづくりビジョンでは、「社会や行政の動き（コンパクトシティや景観など）」「地勢・まちの変遷（歴史的背景や文教地区としての文脈など）」「土地利用・空間特性」「住民意向（アンケートやオープンハウスヒアリング結果より）」などを手掛かりに、商店会などの商業者や再開発組合・鉄道事業者などの事業者はもちろん、居住者や行政、教育機関などまちのステークホルダーが協働した「次代につながる選ばれるまち」を実現させる方針として、①緑と暮らすまち、②文教のまち、③安全・安心のまち、④賑わいのあるまち、の4つを掲げた。ここで特筆すべきは、このまちづくりビジョンの段階で、ビジョンを実現させる実行組織としての「地域運営管理組織（エリアマネジメント組織）」の必要性を示したことだ（図13・2、表13・1）。

図13・2　草薙駅周辺まちづくりビジョン

Phase 2　事業計画──組織ファーストではなく事業ファースト

　「民間からすれば、ビジョンのない投資はありえない。でもビジョンだけあっても動く人が居なければ何も生まれない」。ビジョンとプレイヤーの関係について山本さんはこう語る。

　2015年、「まちづくりビジョ

ン」が策定されると、「誰が何をやるのか?」を具体化するため、いよいよアクションプランの段階に入った。

　まちのプレイヤーとは、単にサービスを行うものだけとは限らない。建築・開発によりまちに投資をする事業者もまちづくりの中では重要なプレイヤーであり、草薙駅周辺の場合は駅前広場などを再整備する行政も、あるいは再開発組合やJR、本社建替え事業を進めている静岡銀行もプレイヤーに該当する。これら「ランドオーナー・ファシリティオーナー」により、ビジョンを実現する景観形成のためのガイドライン「くさなぎ景観デザインブック」が策定され、駅前広場や道路の空間デザインの方向性、民有地とのデザイン調整、駅舎のデザイン調整といったアクションが進められた。さらに駅の南北では、地域の実情や特性に合わせたグランドデザインの検討も地元自治会などを中心に、さらに都市再生整備計画の策定も進められるなど、まちづくりビジョンに基づきあらゆるものが動き始めた。

　この時期から、ビジョンで示されたエリアマネジメント組織のあり方についても検討が進められたが、「組織をつくることありき」ではなく、「どのようなサービス・アクティビティが必要か」という事業ファーストから、そのサービスの担い手としてのエリアマネジメント組織像を明らかにしていったことが特徴的と言える。

　例えば、南側駅前広場の一部の利活用や連絡通路内の壁面広告を活用した広告事業の可能性、北側駅前広場に面する駐輪場整備予定地の暫定利用、草薙商店街の位置する駅前通りでのパークレット整備の可能性といった公共空間の利活用はもちろん、後背の住宅地を対象とした交通サービスの展開、魅力的で安全安心を生み出す夜間照明景観の形成、文教地区の強みを生かした学生との協働の取組みなどが検討された。これらを実現させる主体としてのエリアマネジメント組織の必要性、及びエリアマネジメント組織の活動を後押しする諸制度(都市再生推進法人、都市利便増進協定など)の導入の必要性が明らかになっていった。

住宅地

活動エリアの特徴	郊外、駅周辺、商業・住宅
都市計画上の位置づけ	都市計画マスタープラン／地域拠点 立地適正化計画／都市機能誘導区域・居住誘導区域
組織の位置づけ	都市再生推進法人(2018)
法人設立年	2017年
資本金等	50万円
会員構成	約50名(商店会役員・周辺自治会役員・地元金融機関・学校法人・地元有志)
職員数	4名(役員3名、常勤1名)

表13・1　基本データ

Phase 3　組織構築──自治会や商店会を超えた、組織のリ・ビルド

　エリアマネジメント組織。一言で言っても、それを誰がどういう枠組みで、さらにどのようなガバナンスを持って経営するのかが重要な要素となる。特に地方都市においては「十分なコンセンサス」と「世間（周囲）からの見られ方」について慎重にプログラムをしていかなければ、足元を掬われる一因にもなりかねない。

　ここ草薙駅周辺地区でも、全国の事例や諸制度について学びながらも、地域性を踏まえた組織構築を行っていった（図 13・3）。

　先の「草薙駅周辺まちづくり検討会議」には連合自治会も参画していたが、自治会は「居住者の高齢化」「担い手不足」「住民のまちへの無関心」といった課題の中で、良質な住環境を維持することの困難に直面していた。一方、山本さんが会長を務める商店会も、冒頭の通りの閉塞感があった。自治会は自治会のみで、商店会は商店会のみで物事を進めていくことの限界がちょうど露呈していた時期であり、そこに目を付けたのが山本さんであり、連合自治会長を務めていた花崎年員さんである。

　もともと連合自治会と商店会は個別の動きをしていたが、連合自治会長の花崎さんもまた草薙地区の再生に向けたまちづくり活動の必要性を感じていたことから、

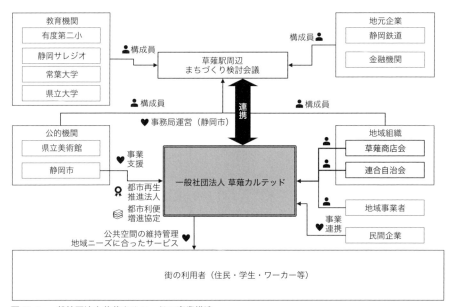

図 13・3　一般社団法人草薙カルテッドの事業構造

山本さんと花崎さんは組織間連携に力を入れた。また、大学などの教育機関と商店会の連携もこの頃から始めていった。このような組織間連携を確実なものにしていくためには、行政と連携していることこそが重要と捉えた山本さんは、花崎さんの強力な後ろ盾のもと、行政のまちづくり政策にも合致した「エリアマネジメント組織」の組成を決断した。その組織が「一般社団法人草薙カルテッド」であり、商店会長の山本さんと連合自治会長の花崎さんの両名で共同代表を務める体制をとった。このような体制は全国的にも珍しいが、商・住が一体となってエリアを構成する地方都市においては非常に理にかなった体制とも言えるのではないか（図13・4）。

Phase 4　事業実施──草薙カルテッドの存在は「免許」みたいなもの

「組織をつくることが目的ではない。その組織がどういう役割を持って何をするのかが大切だ」。このような意図を山本さんは「免許みたいなもの」と表現した。

エリアマネジメント組織としての草薙カルテッドの組成は、商店会と自治会を不可分の関係にしただけでなく、静岡県下初の都市再生推進法人制度への指定により行政との関係も不可分なものにした。この関係性は様々な事業を進めるための強固な基礎となっていると山本さんは語っている。

一般社団法人草薙カルテッドの事業は大きく3つで構成されており、それぞれを地域の事業者・商店主が事業部長として総括している他、商店会が事務局として関わっている。

『駅周辺賑わい事業部』では、学生などの若者から社会人、市民プレイヤーが一堂に会して草薙の未来を語る公開トークセッション「草薙イドバタ会議」、草薙カルテッド組成前から商店会で取り組んできた「夏フェス」「冬フェス」といった商店街活性化事業を支援している。これらは新しく再整備された駅前の「顔」として、住民・事業者・学生など多様な人が「まちづくりに参画する機会」を生んでいる（図13・5）。

『文化教育事業部』では、日本武尊にまつわる伝説や日本三大龍勢の1つである草薙龍勢など、地域固有の魅力を広く伝え文化を継承する役割を担っている。子ども会と連携した「草薙謎解きWALK」

図13・4　都市再生推進法人指定授与式。左から一般社団法人草薙カルテッド共同代表の山本洋平さん、同じく花崎年員さん、静岡市長

図 13·5　駅前広場を活用した草薙イドバタ会議

図 13·6　定期的に発行している地域情報誌
　　　　「表 ELLO くさなぎ」

図 13·7　商店街が位置する駅前通を通行止めにして
　　　　開催している夏フェス

(図 13·5 ～ 7 提供：(一社) 草薙カルテット)

の実施や、元々は行政主導で作成されていた地域情報誌「HELLO くさなぎ」の企画・編集を引き継いでいる（図13·6）。

『安全安心・住みよさ事業部』では、地域の文化度を高めながら夜間でも安心して歩くことができる環境づくりを目指した「明かりづくり」の社会実験や、飲料メーカーと連携した防犯カメラ付き自動販売機の設置に取り組むなど、持続可能なセーフティモデル事業の検討・取組みを進めている（図13·7）。

さらにその他の事業として、地元小中高校を対象に「草薙のまちづくりの取組み」を紹介する出前講座を開催し、まちに対する愛着の醸成や幅広い視点での地域学習の機会を提供している他、まちづくりに興味がある大学生などを対象としたインターンシップに取り組むなど、まちの活力の底上げ・担い手育成に努めている。

Phase 5　事業評価――みんなが「自分たちのまちはイケてる」と思い始めた

一般社団法人草薙カルテッドが組成されてからまだ 3 年余り。共同代表の山本さんは無我夢中で走り続けた 3 年を振り返り、3 つの課題を示してくれた。

1 つ目は「事業性」。組織である以上、自立して活動できる収支構造が求められるが、まだ財源がない。組織の実体に社会性が定着したので、ようやく「稼いでも良い」雰囲気になって来たと語る。自由通路内に整備された広告スペースを活用した広告事業や低未利用地あるいは駅前広場などを活用した事業展開を目論む。

2つ目は「透明性」。山本さんは、会社の経営者という立場に加え、草薙商店会長（2020年3月まで）と草薙カルテッドの共同代表という三足の草鞋を履いていた。それ故に機動性の高い活動が可能であったが、一方で周囲からは「商店会＝草薙カルテッド」「山本の会社＝草薙カルテッド」などと見られてしまうケースが多々あったという。草薙カルテッドが収益事業を始めた場合、自分の会社や商店会とのすみわけ・役割の違いを明確にしておかなければ良からぬ憶測を生んでしまい、築いてきた関係性を壊しかねない。地域や商店会関係者などと取り組むべき丁寧なコミュニケーションは、いよいよ次なるステージに入っていく。

　3つ目は「組織性」。草薙カルテッドも組織である以上、次なる担い手を育成し確保していかなければならない。それは商店会や自治会も同様である。限りある人的リソースをどのように地域に展開していくか。これまで常にあらゆるまちづくりの場面の中心にいた山本さんは、そろそろ「プレイヤーであること」から「マネジャーであること」に移行すべき時期であると考えている。草薙カルテッドがさらに活力を高めていくには、中心から少し外れた位置からより高度な連携や仕掛けを投げかける立場も必要だと山本さんは言う。そのためには今の自分を継承してくれる

住宅地

エリマネびとにせまる！

山本洋平さん(45)　一般社団法人草薙カルテッド 共同代表

九州で生まれ育ち、東京でSEの仕事に就いた後、結婚を機に静岡へ。健康・介護サービス会社の経営者、商店会長、まちづくり会社の共同代表という三足の草鞋で街に関わって来た。連合町内会や行政、地域の多様な方々に「助けられて」ここまで来れたことへの感謝と常に前向きな気持ちを大切にしている。

Q. 様々な利害関係者がいる中でまちづくりを進めるカギは？

　草薙のまちづくりは、やはり最初の段階で行政が地域をしっかり支えてくれたことが大きいですね。しかしそこに安寧としているのではなく、僕たちは行政側が実現したい事にも積極的に関わっていきました。同じように、自治会の抱えている課題をどうやったら解決できるか、大学などの教育機関が実現したいことを僕たちがどうやって応援できるか。そういう意識で動いていたら、みんなが協力して動き始めました。それら1つ1つの小さな「与えあい」が、結果として（一社）草薙カルテッドの社会的信用につながっているんだと思います。行政主導期間は終わり、いよいよ民主導期間に入りましたが、果実を奪い合うのではなく、常に与えあえる関係を持続させたいですね。

人材や体制を早期につくっていく必要があると力強い目で語った。

　行政はどう評価しているか。市の担当者は、草薙駅周辺は人口が減っていない市内2地域の1つであること、草薙駅の乗降客数が増加していること、さらに地価と固定資産税は2016（平成28）年比でそれぞれ6％と7％ずつ上昇していることといった定量的な効果を示しつつも、それより重要な要素として「自治会長たちも、学生たちも、商店主たちも、みんなが『自分たちのまちはイケてる』と思い始めている」ことこそが大きな成果だと話す。この自覚症状こそが、まちに新しい活力を呼び込み、関係人口を育み、持続的で価値ある未来をつくる糧になると評価している。

　山本さんは今後の成長戦略として、「草薙地区だけが盛り上がるべきではない。官民連携の小さな化学変化を起こし、市内の他の地域、場合によっては市外のまちと連携し相互に高め合い発展できるモデルをつくっていきたい」と話す。また、これからの時代を見据え「健康福祉」に重点を置いたウェルネスなまちづくりも進めたいとも語っている。

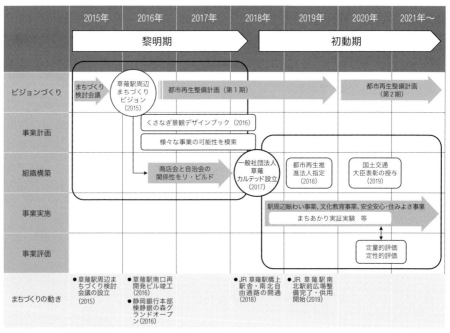

図13・8　まちづくりの系譜

山本さんの、そして一般社団法人草薙カルテッドの挑戦はまだ始まったばかりだ（図 13・8）。 （執筆：堀江佑典）

【CASE13 の論点】

Q1 草薙では、ビジョン、組織、事業の関係性をどのように捉え、どのような順番で進めてきましたか。情報を整理した上で、あなたが山本さんならどのように進めるか、考えてください。

Q2 始まったばかりのエリアマネジメントの課題は事業性、透明性、組織性とあります。これらの問題提起に対し、あなたの提案を示してください。

CASE 14 一般社団法人北長瀬エリアマネジメント
岡山県岡山市北区

NPOのノウハウと民間・市民団体の
ネットワークを活かしたエリアの開発・運営

2019年6月 JR北長瀬駅前にオープンした「ブランチ岡山北長瀬」

(© 中村拓弥)

[エリアの特徴]　＃住宅混在　＃駅周辺　＃跡地開発　＃商業施設
[事 業 の 特 徴]　＃拠点運営　＃コミュニティフリッジ　＃インキュベーション　＃イベント
[人 材 の 特 徴]　＃NPO　＃若者　＃学生　＃起業家　＃女性

I. エリアの特徴とまちづくりの背景

操車場機能の停止から約35年に渡る跡地活用の検討

　岡山市北区の北長瀬エリアは、JR岡山駅西隣の北長瀬駅を中心とするエリアであり、一般社団法人北長瀬エリアマネジメントの活動エリアとなる。このエリアは、長年、岡山操車場の跡地活用の目途が立っていなかったが、操車場機能の停止から約35年が経過してようやく跡地活用の検討に終止符が打たれた。そのため、近年では「岡山市民病院」や「ブランチ岡山北長瀬」という商業施設がオープンし、総合公園や市営住宅なども現在整備中である。市内では岡山駅前に次ぐほどホットな

エリアとして、若者からお年寄りまで注目を集めている。また、北長瀬駅から15分ほど南へ歩くと、問屋町という問屋街があり、オープンカフェや衣料・雑貨屋などが軒を連ね、若い世代を中心に人気のエリアが近接している。一般社団法人北長瀬エリアマネジメントは、この北長瀬エリアにおけるエリアマネジメントの実行を担う組織であり、ブランチ岡山北長瀬を核に、岡山市立市民病院や現在整備中の市営住宅・総合公園を含むエリアとその周辺部のまちづくりに取り組んでいる（図14・1）。

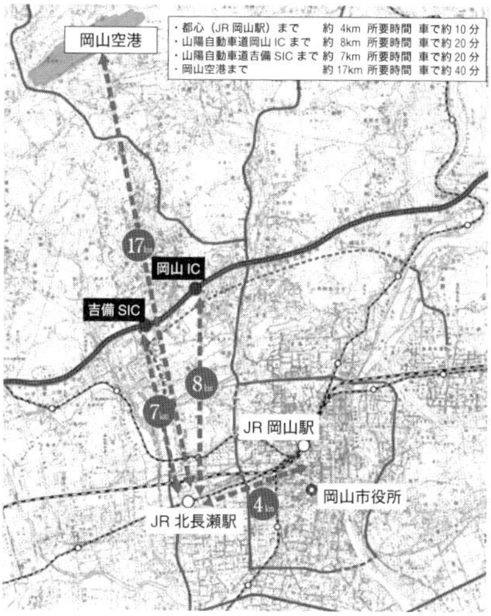

図14・1　JR岡山駅から一駅と好立地の北長瀬エリア　（出典：「岡山操車場跡地整備基本構想」）

北長瀬でエリアマネジメントが必要とされる4つの背景

　北長瀬でエリアマネジメントが必要とされる背景は、大きく4つに整理される。

　1つ目は、「岡山駅周辺など中心市街地で進む開発計画」である。岡山市中心市街地では、これから複数の開発が計画されており、その波及効果を北長瀬エリアへもたらすためには、このタイミングでのエリアマネジメントが必要とされていた。

　2つ目は、「問屋町との連携」である。北長瀬エリアと若者に人気の問屋町を含めた市街地西側エリアにおいて、中心市街地とは異なるアプローチによるまちづくりが期待されている。

　3つ目は、「岡山操車場跡地整備（病院・住宅・公園）の統一感」である。近年、岡山市では長寿社会を迎え、今後健康寿命が延びていく中で、病院と公園との連携による「健幸のまちづくり」に向けた新しい都市機能の発揮が求められている（図14・2）。

　4つ目は、「西小学校区エリアの課題」である。北長瀬エリアを含む西小学校区では、単身の世帯や小さな子どもを持つ世帯が多い中で、人口増加率が市内の他のエリアに比べて高くなっている。人口増加地域における若者、子育て世代の定住促進に向けた日常生活を送る場として、居住環境の整備など、市内他の地域とは違ったアプローチによる課題解決の必要性が出てきた。

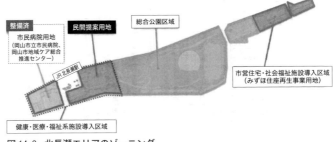

図14・2　北長瀬エリアのゾーニング

2. エリアマネジメントのプロセス

Phase 1　ビジョンづくり

　北長瀬エリアマネジメントが始まったきっかけは、地域の方からの相談であった。岡山市から岡山操車場跡地整備事業の構想が発表され、石原達也さんが代表理事を務める特定非営利活動法人岡山NPOセンターに対して、周辺住民から「市民が北長瀬駅周辺の公園整備にもっと関わるにはどうすれば良いか」という相談があり、そこから岡山NPOセンターがまずは公園づくりに関わることになった。

　まずは、2016年に住民アンケートを行い、市民がどのくらい「公園づくりに関わりたいと思っているか」、ニーズ調査を岡山市と行い、その調査結果を受けて報告会を実施した。その中で、実際に公園づくりに関心を持つ人たちで、「操車場跡地にできる新公園を活用する市民の会」を設立し、その後、岡山市との協働事業で公園の活用実験（社会実験）を行った（図14・3、表4・1）。

Phase 2　事業計画

　北長瀬エリアにおいて、エリアマネジメントとして取り組むべき柱は3本ある。

　1つ目の柱は、「健康づくり・子育てによる居住者の課題解決」である。健康づくりの先駆けとなる「医療福祉ゾーン」として、医療・福祉が抱える問題や、中心市街地に比べて、子育て世代の割合が大きい状況を踏まえた、子育て支援に対する取組みなど、北長瀬エリア居住者の課題解決を図る。2つ目の柱は、「北長瀬エリアにおけるにぎわい創出」である。操車場機能が停止されて約35年。長年待ちわびた開発だけに、大きな期待が寄せられており、子どもからお年寄りまでその地域で住む人々にとって暮らしやすい生活の場を提供する。3つ目の柱は、「にぎわい

活動エリアの特徴	郊外、駅周辺、商業施設、公園、市民病院
都市計画上の位置づけ	都市計画マスタープラン／都市拠点 都市再生整備計画事業／北長瀬駅周辺地区
組織の位置づけ	一般社団法人
法人設立年	2019 年
資本金等	無し
職員数	代表理事 2 名、理事 4 名、監事 2 名 常勤 2 名、非常勤バイト・パート 4 名

表 14・1　基本データ

持続と課題解決のための起業・就労の促進」である。「にぎわいの持続とともに、頑張る人が頑張れる仕組み、そして女性が活躍できる仕組みをまちとして何かできないか考えていきたい」と石原さんは語る。

　また、組織の財源としては、①施設の利用料収入、②大和リース株式会社からの寄付金、③民間組織からの受託事業収入、と大きく 3 つある。そして、現時点での財源確保に向け

図 14・3　調査報告会を機に設立した「操車場跡地にできる新公園を活用する市民の会」のメンバー

（提供：（一社）北長瀬エリアマネジメント）

た大きな柱として、経費省力化につながる 2 つの具体的な取組みが行われている。1 つ目は、「施設の運営に関するシェアオフィス入居団体との協働」である。入居団体が家賃無料の代わりに、窓口対応やイベント企画など組織の事務局を合同で運営し、固定費として大きな人件費の削減を図っている。2 つ目は、「入居団体と関係機関との連携による事業拡大や PR の取組み」である。関係機関との連携により、それぞれの強みを活かしたアイデアを出し合うことで過大な外注費を抑制し、事業拡大とまちづくりの両立を目指している。また、エリアマネジメント団体として、事業継続を図っていくためにも、施設利用料以外に WEB 制作や広報発信分野での収益確保や、フリーランスや起業を志す人々への支援事業を行っている。

Phase 3　組織構築

　一般社団法人北長瀬エリアマネジメントは、大和リース株式会社と特定非営利活動法人岡山 NPO センターの協働により 2019 年 2 月に設立された。代表理事は、大和リースの常務取締役と岡山 NPO センターの石原さんが務めている。エリアマ

ネジメントの執行・実行主体は、一般社団法人北長瀬エリアマネジメントであり、協議・情報共有を北長瀬エリアマネジメント協議会（岡山市、市民病院、市営住宅管理者（予定）などを含む）が担う予定（図14・4）。

　人材については、NPO法人だっぴや有機マーケットいち、NPO法人タブララサ、岡山経済新聞など、すでに社会活動を行っている団体が参画していることから、多種多様な人材に恵まれており、活動の幅を広げている。

　また、エリアマネジメントやパークマネジメントについて、「岡山市とも調整を図っていく必要がある中で、特に難しいのは、市役所の担当課の位置づけが不明確となっていること」と語る。エリアマネジメントの担当部署については、全国的に都市整備部局のまちづくり推進課などが担当することが多いが、岡山市の場合は、公園の管理・利活用業務を所管する庭園都市推進課や政策企画課が担当しており、課として多岐に渡る業務量の多さや業務内容の分かりづらさから、エリアマネジメントに対するきめ細かな対応が可能かどうかが課題となっている。そのような中で

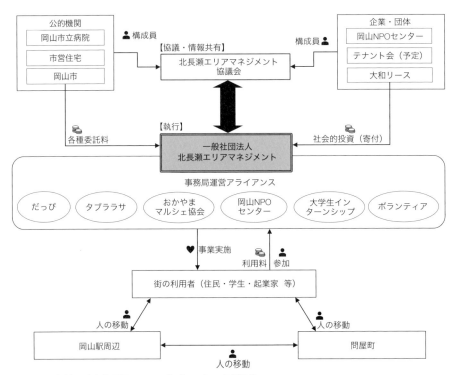

図14・4　一般社団法人北長瀬エリアマネジメントの事業構造

も、石原さんは市職員に対して、勉強会の実施や、アンケートで浮き彫りになった市民の意見やエリアマネジメントの取組みの必要性を理解してもらう工夫を行っている。さらに、今後、都市再生推進法人化の検討も行っていく中で、担当する部署をどこに置けば迅速かつ柔軟な対応が可能となるのか、岡山市の組織のあり方が問われているように思う。

Phase 4　事業実施

北長瀬エリアマネジメントは、「ハッシュタグ岡山」という施設を拠点として、①フューチャーセンター機能、②インキュベーション機能、③シェアオフィス機能の3つの機能を有している。目指すは新しい公民館。

①の「フューチャーセンター機能」については、多様な主体が集まり、北長瀬エリアの未来を議論する場として、「こんなことやってみたい」をコーディネーターがサポートする仕組みを整え、機動性のある場を提供している。また、会議室やセミナールームの貸出しも行っており、例えば、公園づくりや災害支援に関するワークショップや、NPO・企業などの研修やセミナー、会議の場としても利用されている（図14・5）。

②の「インキュベーション機能」については、起業やプロジェクトの事業化を目指す人材育成の場として、フリーランスや学生、主婦、シニアの起業（会社、NPO）やプロジェクトの事業化などに向けた支援を展開している。例えば、コワーキングスペースとしての場の提供や、起業に関するセミナー開催や個別相談などが実施されており、「あたらしいふつう」を生み出す実験場所の役割を果たしている。

③の「シェアオフィス機能」については、エリアマネジメントで核となる多様なNPO団体が集合する場として、若手社会人、学生

図14・5　シェアスペース「ハッシュタグ岡山」でのイベント風景。新しい「ふつう」の創造拠点

図14・6　イベントで賑わうブランチ岡山北長瀬。事務局を運営するNPO自らイベントを企画することも

（図14・5、6提供：(一社) 北長瀬エリアマネジメント）

住宅地

を主なメンバーとしたNPO3団体（NPO法人タブララサ：エコ×おしゃれ、NPO法人だっぴ：若者×キャリア、NPO法人チャリティーサンタ：チャリティー×クリスマス）及びマルシェ協会の事務所が置かれている。このように、若者が社会貢献活動に取り組むNPO事務所の設置を促すことで、イベントの企画運営など、若者の参加機会の創出や集客の拡大につなげている（図14・6）。

Phase 5　事業評価

　前述したように、北長瀬エリアでは、行政主導による計画・整備・管理運営ではなく、整備前の段階から地域住民や民間企業、団体が主体となったまちづくりが進められている。各ステークホルダーをコーディネートする組織として、2019年に一般社団法人北長瀬エリアマネジメントが設立された。

　代表理事の石原さんは、今後、北長瀬エリアで新たに起業する人を応援していくためのスキームを検討している。特に、新型コロナウイルスの感染拡大を受けて、

エリマネびとにせまる！

石原達也さん(43)　　（一社)北長瀬エリアマネジメント 代表取締役

2001年に大学生のみのNPO法人設立に参画したことからNPO業界に入り支援者を志すようになり、鳥取市社会福祉協議会に入職。ボランティアコーディネーターを経て、出身地・岡山でNPO法人岡山NPOセンター事務局長に就任（現在、代表理事）。北長瀬での活動の他に、（特非）岡山NPOセンター代表理事、（特非）みんなの集落研究所代表執行役、PS瀬戸内株式会社代表取締役社長など多くの役職を務め、市民活動・NPO・ソーシャルビジネス業界の先頭を走る。

Q. 活動に関わってもらう人を増やすための工夫とは？
　　　　一番は交渉能力。活動に関わってもらいたい人を口説いていき、関係者の希望を聞いて粘り強く交渉していく力が必要です。次に事業構想力。やはり事業として成り立たせていくためには、採算性を重視しながら、企画から実行に至るまで、俯瞰的に事業全体を考えられる人が求められます。最後に、アイデアを実行に移す力。実行する段階でまず何をしなければならないかを考えることはできそうでなかなか難しい力です。
　エリアマネジメントを行う上で重要な視点は、人を巻き込んでいきながら、プロジェクトをつくっていく感覚や、どのようにすればそれが人に伝わっていくかを常に意識することです。自分の能力を過信せず、人が気持ち良く動いてくれる環境や雰囲気づくりが重要です。特に大切にしているのは、誰かがプロジェクトを起こす際に、あの人に相談すれば良い結果が生まれそうと思われる存在に、自分自身がなることですね。やがてその相談自体が仕事となり、結果的にエリア全体でいろんなことが派生的に起き始めることになると考えています。

現在、大学生・高校生については「ハッシュタグ岡山」の中にあるコワーキングスペースを無料で利用できるようにするなど、「若い人たちにとっての居場所づくりや、個人がチャレンジしたり何かに取組むきっかけをつくる場所にしていきたい」と語る。

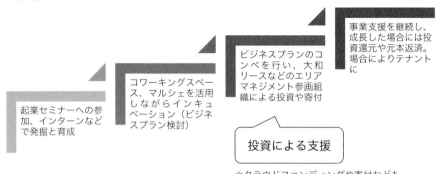

起業セミナーへの参加、インターンなどで発掘と育成

コワーキングスペース、マルシェを活用しながらインキュベーション（ビジネスプラン検討）

ビジネスプランのコンペを行い、大和リースなどのエリアマネジメント参画組織による投資や寄付

事業支援を継続し、成長した場合には投資還元や元本返済。場合によりテナントに

投資による支援

＊クラウドファンディングや寄付なども事業内容により組み合わせる

図 14・7　北長瀬エリアマネジメントからの社会投資によるインキュベーション支援の検討（資料提供：石原達也）

住宅地

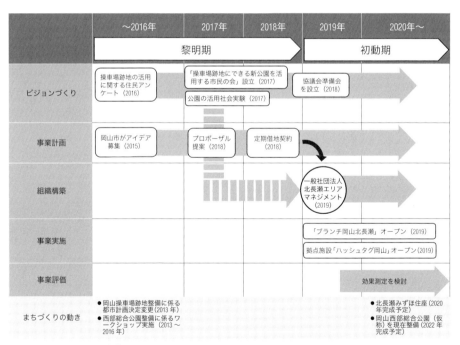

	～2016年	2017年	2018年	2019年	2020年～
	黎明期			初動期	
ビジョンづくり	操車場跡地の活用に関する住民アンケート（2016）	「操車場跡地にできる新公園を活用する市民の会」設立（2017）／公園の活用社会実験（2017）		協議会準備会を設立（2018）	
事業計画	岡山市がアイデア募集（2015）	プロポーザル提案（2018）	定期借地契約（2018）		
組織構築				一般社団法人北長瀬エリアマネジメント（2019）	
事業実施				「ブランチ岡山北長瀬」オープン（2019）／拠点施設「ハッシュタグ岡山」オープン（2019）	
事業評価				効果測定を検討	
まちづくりの動き	●岡山操車場跡地整備に係る都市計画決定変更（2013年）●西部総合公園整備に係るワークショップ実施（2013～2016年）				●北長瀬みずほ住座（2020年完成予定）●岡山西部総合公園（仮称）を現在整備（2022年完成予定）

図 14・8　まちづくりの系譜

また、石原さんは、別会社で取組んでいる「おかやまケンコー大作戦」という岡山市における SIB（ソーシャル・インパクト・ボンド）の取組企業がこのエリアに多いことに着目し、さらなる健康寿命延伸に関する取組みも検討している。あわせてコロナによる生活困難者を支援するために全国初のコミュニティフリッジもこの場所に開設した。これは困窮者の方が 24 時間いつでも寄付された食料品・日用品を受け取りに来れる仕組みで、商業施設の利点を活かしたものになっている。起業支援から福祉まで様々なテーマの事業が生まれている北長瀬で、さらなる市民活動の輪が広がることを期待したい（図 14・7、14・8）。　　　　　（執筆：大西春樹）

【CASE14 の論点】

Q1　非営利組織として目指すべきミッション、事業を継続するための収益モデル、事業を支える人材確保策が明快な事例でした。それぞれを整理した上で、さらに発展させるための方法を検討してください。

Q2　若い人たちの居場所やチャレンジできる機会の創出、コミュニティフリッジなど、エリアマネジメントとしては独自の事業を展開しています。これらに学ぶ点をまとめるとともに、エリアマネジメント団体として今後取り組めそうなことがあれば検討してみてください。

Q3　北長瀬では、「#（ハッシュタグ）」というシェアスペースを核として、市民活動のネットワークを活かした事業や仕組みづくりが行われています。もしあなたが石原さんなら、多彩なパイプを活用して、どのような組織と連携し、ビジネスモデルをプロデュースしていきますか。

CASE 15 一般社団法人城野ひとまちネット
福岡県北九州市小倉北区

大学との連携で「シェアタウン」を目指す地道な取組み

ボン・ジョーノの活動拠点「TETTE」

ボン・ジョーノひとまち公園での活動の様子

TETTE における活動の様子

(写真全て提供：(一社) 城野ひとまちネット)

[エリアの特徴]　#大規模跡地　#既成市街地　#住宅
[事業の特徴]　#拠点活用　#シェア　#住民主体による取り組み
[人材の特徴]　#外部人材　#住民　#大学生

ボン・ジョーノの中心にある「くらしの製作所TETTE／テッテ(以下、TETTE)」
で日々、住民らによる様々な活動が行われている。エリアマネジメントの原動力と
もいえる。

I. エリアの特徴とまちづくりの背景

新規住宅開発地おけるエリアマネジメントの挑戦

　ボン・ジョーノは小倉駅から南に約3km、JR日豊本線の城野駅の北側に位置している（図15・1）。2008年に移転、閉鎖された陸上自衛隊小倉駐屯地の城野分屯地の跡地、UR城野団地、市営住宅などを中心とした約19haのエリアであり、財務省、福岡県、北九州市、UR都市機構の4者が連携して、まちづくりが進められた（図15・2）。エリアの愛称であるボン・ジョーノ（正式名称「みんなの未来区 BONJONO／ボン・ジョーノ」）は、まち開きの前年の2015年に公募により決定された。

　まちづくりの経緯は、2008年に北九州市が環境モデル都市に指定されたことだ。その住宅分野のリーディングプロジェクトとして、城野ゼロ・カーボン先進街区形成事業が位置付けられた。まちづくりのコンセプトは、地域エネルギーの最適化、省エネ、創エネを備えたエコ住宅などによる「ゼロ・カーボン」、公共交通の利用

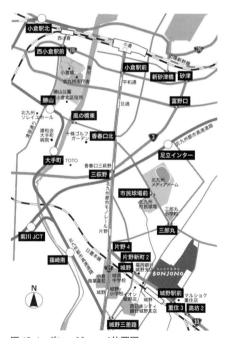

図15・1　ボン・ジョーノ位置図
（出典：『暮らしのレシピ BONJONO CONCEPT BOOK』
　（一社）城野ひとまちネット、2016年4月、p.16）

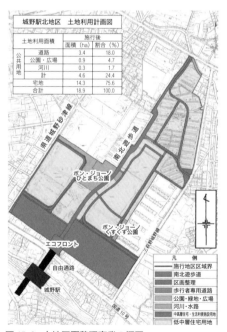

図15・2　土地区画整理事業の概要
（出典：『北九州都市計画事業城野駅北土地区画整理事業
　事業のあゆみ』UR都市機構 2017年2月、p.5）

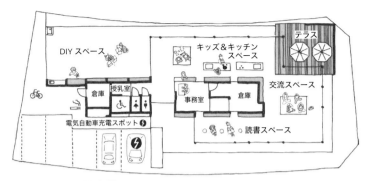

図 15·3　TETTE 見取り図
（出典：『暮らしのレシピ BONJONO CONCEPT BOOK』（一社）城野ひとまちネット、2016 年 4 月、p.5）

促進、持続可能なエリアマネジメントによる多世代が「暮らし続けられる」「子育
て支援・高齢者対応」のまちである。具体的には、UR 都市機構施行の土地区画整
理事業により基盤整備が行われ、戸建て・集合住宅の他、北九州総合病院、医療モー
ル、商業施設、サービス付き高齢者向け住宅などが立地し、居住・医療・商業な
どの複合的な土地利用が実現している。現在（2020 年 10 月 1 日）の入居戸数は
548 戸であり、将来的には 710 戸を予定している。

エリアマネジメントの活動拠点「TETTE（テッテ）」

　2016 年にエリアマネジメントの活動拠点として、「TETTE」が整備された（図
15·3）。この施設は一般社団法人城野ひとまちネット（以下、ひとまちネット）が
管理運営を行っている。TETTE 内には DIY、キッズ＆キッチン、交流、読書の各
スペースがある。TETTE は正会員である住民や事業者だけでなく、準会員制度を
設けており、近隣地域の住民も利用できる仕組みを整えている。

2. エリアマネジメントのプロセス

Phase I　ビジョンづくり──シェアタウンに向けて

　2011 年、ゼロ・カーボンを目指したまちづくりの内容をまとめた「城野地区ま
ちづくり基本計画」が策定された。まちづくりのコンセプトとして「ゼロ・カーボ
ン」「子育て支援・高齢者対応」「暮らし続けられる」の 3 つが定められた。また、
まちづくりの基本的方針では、持続可能なまちづくりを進めていくための手法とし
て、エネルギーマネジメント、生活支援サービスの提供、まち全体を一体的・効率

活動エリアの特徴	住宅市街地、駅周辺
都市計画上の位置づけ	用途地域／第一種住居地域、第一種中高層住居専用地域、商業地域 都市計画マスタープラン／地域拠点 立地適正化計画／都市機能誘導区域、居住誘導区域
組織の位置づけ	一般社団法人
法人設立年	2015 年
資本金等	無し
会員構成	正会員：法人 30、個人 520、賛助会員：20 （2020 年 6 月現在）
職員数	0 名（役員 14 名、常勤 0 名）（2020 年 6 月現在） ＊統括タウンマネージャーの太田氏はひとまちネットと業務委託契約を 　結んでいる

表 15・1　基本データ

的に運営するエリアマネジメントの実現が掲げられた（表 15・1）。

　エリアマネジメントを具体的に検討するにあたって、3 名の専門家（西村浩氏（ワークヴィジョンズ）、二瓶正史氏（アーバンセクション）、柴田建氏（大分大学）を招聘し、街区単位で各々行われている開発をまちの魅力につなげる仕組みとしてのまちづくりガイドラインの作成や地区計画の策定などが行われた。さらに、後にボン・ジョーノのまちづくりの中心テーマとなるシェアタウンのコンセプトづくりやエリアマネジメントの担い手の検討に向けた動きもこの頃に始まっている。

　そして、2013 年の「タウンマネジメント準備会」の発足を皮切りにエリアマネジメントの推進組織の検討が進められ、2015 年にひとまちネットが設立された。同時にエリアマネジメントのコンセプトとして、「居場所」「活動」「維持管理（まち育て）」をサードプレイス的空間（シェアプレイス）を使いながらシェアすることによりモノ・コト・ヒト・カネが循環しながら持続可能なまちを目指していく「シェアタウン」の考え方が確立された。

　3 つのシェアの目標、方法については、①居場所のシェアは、住む人、働く人、訪れる人が居心地の良いお気に入りの居場所をもち、その場所を他の人とシェアすることで、多様なコミュニケーションが生まれ、誰かと一緒にいたくなるまちを目指すこと、②活動のシェアは、ボン・ジョーノが従来の住宅地とは異なり、多様な活動が活発に実施され、その活動に伴ったコミュニティビジネスなどへの展開も期待できる多様な用途で使いたくなるまちを目指すこと、③維持管理（まち育て）のシェアは、住む人、働く人、訪れる人が楽しみながらまちの維持管理にかかわる仕組みを用意することで、まちなみとコミュニティを育みたくなるまちを目指すこと、としている（図 15・4）。維持管理（まち育て）のシェアの具体的方法として、①街

路を歩車共存の設計にすることによって、まちの一体感や人々の往来の活発化を促す歩行者にやさしいまちづくりや、街路内の緑地帯の住民による管理、街路空間をイベントなどで使用することなどによって、通りをシェアすること、②メインストリートであるエコモール沿いを多様なコミュニティ活動が集まる場所にし、その空間の整備を住民自らが行い沿道をシェアすること、③公園や広場をみんなでつくり、使い、育てながら広場をシェアすること、の3点が掲げられている。

SAFETY
安全・安心

AMENITY
賑わい・街の楽しみ

COMMUNITY
子育て・福祉・共同体

ECOLOGY
省エネ・環境

SUSTAINABILITY
持続可能性・維持管理
雇用創出

住まい手との共同編集型まちづくり

図 15・4　シェアタウンの概念図

（出典：『城野ゼロ・カーボン先進街区形成事業』
（北九州市、2017 年 8 月、p.9）

Phase 2　事業計画──エネルギー、緑、防犯を主とした計画づくり

　2015 年に「城野駅北地区におけるタウンマネジメント計画」が策定された。この中で、ボン・ジョーノで取り組む3つのメニューが計画された。具体的には、①エネルギーマネジメントは、地区全体におけるエネルギー利用の最適化や、ITC ネットワークを活用したエネルギーマネジメントの導入を計画、②グリーンマネジメントは、ひとまちネットと民間事業者や住民が共同でまちなみ形成（景観協定など）を実施、また、各街区内の共用緑地や公園内に設置するコミュニティファーム、遊歩道の植栽空間などをエリアマネジメント組織や各管理組合が管理し、コミュニティガーデンを通じた多世代交流を計画、③タウンセキュリティは、住宅地の設計段階における防犯の専門家の助言、防犯環境に配慮したまちのデザインの推奨、また防犯カメラの設置による犯罪抑止を計画、である。また、エリアマネジメントの拠点施設として、集会所施設の TETTE が土地区画整理事業で整備された。

Phase 3　組織構築──住民主体による組織づくりへの展開

　ボン・ジョーノでは、住民と事業者の全てがタウンマネジメントに参画するための仕組みとして、街区ごとに全員参加による管理組合などの組織を設け、それらを束ねる組織として、ひとまちネットがある（図 15・5）。運営費として、正会員である個人は一世帯につき 1700 円／月、法人は規模に応じて 5000 ～ 1 万円／月の会費を徴収しており、ひとまちネットの事務局の運営を西部ガスに委託する費用や TETTE、公園などの維持管理、広報などの費用に充てている。ひとまちネットは

住宅地

各街区の自治会と連携しており、一
般的な自治会の役割の多くの部分も
ひとまちネットが担っている。協力
企業は賛助会員として参画する形を
とっている。

　ひとまちネットの運営は、事務管
理業務のようなハード面を事務局が、
イベントやまちの様々な課題に取組
むソフト面を統括タウンマネージャ
ーが担っている。その事務局に
2015年から西部ガス株式会社が、
そして統括タウンマネージャーに
2017年から太田信知さんが就いて
いる。また、2019年4月から、住
民主体組織である住民コミュニティ
部会が設立された。さらに、ボン・
ジョーノの近隣に立地する北九州市
立大学地域創生学群との連携が始ま
り、産学官民連携の組織体制が確立
された（図15・6、15・7）。

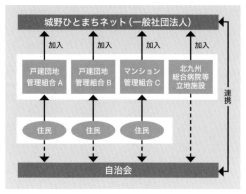

図15・5　ひとまちネットと地域の関係
(出典：『みんなで創るまち、みんなで育むまち。城野駅北プロジェクト
　　コンセプトブック』(一社) 城野ひとまちネット、2015年7月、p.11)

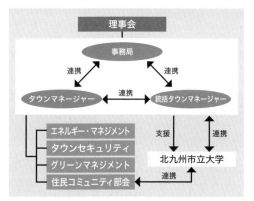

図15・6　一般社団法人城野ひとまちネット組織図
(出典：各種資料、インタビューを元に筆者作成)

Phase 4　事業実施——周辺地域も巻き込んだ事業の実施

　ボン・ジョーノのエリアマネジメントの主な取組みは、公園などの維持管理、毎
月1回開催される住民交流会の「TETTE会」である。また、ボン・ジョーノ内の
シェアプレイス（図15・8）を活用して個人が自由に集まり専門家とともに交流す
るラボ活動があったが（表15・2）、住民コミュニティ部会（後述）の設立とともに、
専門家主導のラボ活動から住民主体へと移行し、統廃合されている。こういった取
組みは、まちの多様性や魅力の創出につながっており、また、周辺住民にも開放さ
れていることから、地域に開かれたエリアマネジメントの実践といえる。そして、
2019年4月からは北九州市立大学の学生が実習のフィールドとして、日々、住民
コミュニティ部会と連携しながらTETTE会の運営や各種イベントを中心とした活
動に取組んでおり、エリアマネジメントの人材育成の場にもなっている。

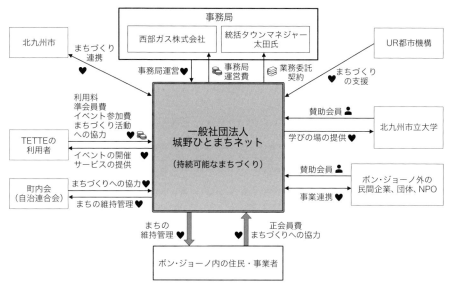

図15・7　一般社団法人城野ひとまちネットの事業構造

図15・8　ボン・ジョーノ内のシェアプレイスマップ

（出典：『暮らしのレシピ BONJONO CONCEPT BOOK』（一社）城野ひとまちネット、2016年4月、p.6-7）

くらしラボ	毎月第3土曜日に開催されるTETTE会やハロウィンパーティなどさまざまな分野の多様な活動を展開。ボン・ジョーノのエリアマネジメント活動のベースともいえる組織
キッチンラボ	料理教室を開催
DIYラボ	2か月に1回の頻度で、廃材を利用した様々な家具や小物を製作
手芸ラボ	手芸教室やワークショップを開催
スマートライフラボ	環境科学実験や省エネ講座などを開催
ヘルスラボ	北九州総合病院などと連携し医療、健康に関する講座を開催
お掃除ラボ	毎月第3日曜日にボン・ジョーノの草取りや清掃を実施
ビオラボ	野菜づくりを通して栽培の基礎知識から食育、環境学習まで幅広く学ぶ会員制ラボ
メディアラボ	写真展などを開催
グリーンラボ	ハンギングバスケットコンテストなど緑に関するイベントを開催
ブックラボ	TETTEの読書スペースの空間づくりや本にまつわるイベントを開催
キャンプラボ	TETTEや屋外空間を利用してデイキャンプ、飯盒炊飯などを実施
パークマネジメント研究会	住民、銀行、カフェ、機動隊、周辺地域の住民、学生、NPOが集まり、使う、育てる、稼ぐの視点からみた魅力ある公園をつくる取り組みを実施

表15・2 ラボ活動一覧　　　　　　　　　　　　　　　　　　　　（出典：各種資料を元に筆者作成）

Phase 5　事業評価——新規住宅開発地ならではの苦悩と今後の展望

　ボン・ジョーノの取組みをみると、様々な活動やイベントが行われていること、TETTE を広く一般に開放していることにより、今では、毎月 20 日前後は TETTE が使用されているなど着実に成果をあげている。

　成果が出ている一方で、太田さんや積極的に様々な活動に取り組んでいる住民の認識は少し異なっている。これまで約 4 年間活動を行ってきているが、新規の住宅開発地であるため、住民どうしの人間関係の構築に時間がかかる。また子育て中の忙しい世帯が多いことから、非常にゆっくりとした、無理のないスピードで活動が行われているとの認識である。また、様々な活動は行われているものの、その参加者は特定のメンバーに偏っているとの認識もあった。

　発足から 3 年目までの組織の形態は、テーマごとに外部の専門家である事業者とタウンマネージャーを中心とした部会やラボがつくられていた。その後、入居世帯が増えるにつれて、住民が中心のまちづくりに変えていくべきではとの意見が住民から寄せられるようになった。そこで、2019 年 2 月に住民、事業者がひとまちネットの活動、運営に積極的にかかわっていくための話し合いの場「みらい会議」が開催され、2019 年 4 月に「住民コミュニティ部会」が設立されている。

　住民コミュニティ部会は、住民が主体となって活動し、まちの魅力向上や課題提案・解決を目的としている。タウンマネージャーや賛助会員などのサポートを受けつつ、部会構成員が継続的に行える活動であるかどうかを話し合い、試行錯誤しながら各種活動を行っている。さらにこの部会の大事な役割は、ボン・ジョーノが抱える諸課題や提案を受け付ける窓口であり、議論する場としての機能を担っている

ことである。この住民コミュニティ部会の設立は、「ボン・ジョーノの成長期への移行を意味する大きな動きであった」と太田さんは言う。同時に、事業評価という点については「エリアマネジメントを何をもって評価すれば良いのか、そこは常に悩んでいる」と打ち明けた。

　時間の経過とともに、まちの規模も大きくなり、現在 540 世帯を超える居住者が暮らしている。また、住民主体による取り組みや、ボン・ジョーノの住民以外の団

太田信知さん(34)　一般社団法人城野ひとまちネット 統括タウンマネージャー

北九州市の南に隣接するみやこ町のお寺に生まれ、理系、文系、宗教系の大学に通いお坊さんの資格を取得。東京でサラリーマン生活を経て、大学生のための就活支援のシェアハウスを運営。2014 年に島根県海士町に移住し、高校の寮のハウスマスターとして従事。そして、2017年にボン・ジョーノへ。

Q. これまでのキャリアをタウンマネージャーの仕事にどのように活かしていますか？

　サラリーマン・自営業者・行政職員・お坊さんと色々な立場を体験している事から、それぞれの立場を考慮した対話の仕方を心掛けています。色々な社会経験が、色々な住民さんや事業者さんとの対話の際に活かせていると感じます。

Q. ボン・ジョーノにおける太田さん（タウンマネージャー）の役割とは？

　一言で言うと調整役です。それには 2 つの意味があります。1 つ目は、ある課題が出た際に、その課題に関する情報を集め、それを細分化したり、優先順位をつけたり、時にはタイミングをはかったりと、あの手この手で少しずつ調整してまとめます。1000 名を超える組織ですので多種多様なご意見があり、この役割は欠かせません。

　2 つ目は、僕の役目を住民さんに担っていただけるように、組織の仕組みを調整することです。持続可能なまちづくりに向けて大切なことは、住民さんが自ら考えて行動することによって、社会変化や地域のニーズの変化に対応し続けられる組織づくりだと考えています。その際に、住民さんのご負担が少なく運営出来る組織体制へと調整する役割も大切だと考えています。

Q. 住民とともに活動をすすめていくコツは？

　住民さんに常々お伝えするのは、「ご無理の無い範囲で」という言葉です。無理をすると、「私は頑張っているのに〇さんは…」という事になりかねませんので、この理由も含めてよくお伝えしています。

　自分が心掛けているのは、「全部正解」と「思いやり探し」です。全ての住民さんに平等に接する為にも、自分の考えや感情は一旦置いておき、「全部正解」だと思ってその方の正解に寄り添い、その中にある「思いやり」を見つけるようにしています。正解と正解がぶつかり合っても争いにしかなりませんので、思いやりと思いやりで助け合えるように、調整役に徹しています。

住宅地

体や大学など、周辺地域とのつながりも増えてきている。一方で、賃貸住宅の居住者やボン・ジョーノ内の就業者をどう巻き込んでいくのかといった課題もある。シェアタウンという大きな理想を目指したボン・ジョーノの歩みはこれからも続いていく（図 15・9）。

（執筆：小林敏樹）

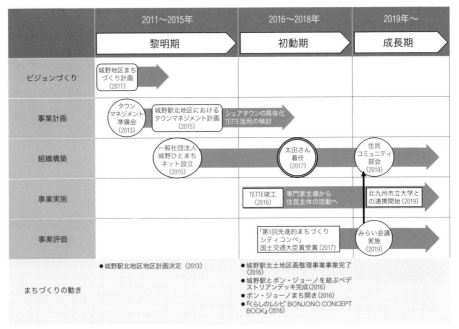

図 15・9　まちづくりの系譜

【CASE15 の論点】

Q1　ここでは「シェアタウン」の概念を基礎にエリアマネジメントの事業が設計されています。その具体的内容はどのようなものであったかをまとめ、何が足りないのか、何をすべきかを検討してください。

Q2　住民主体による組織づくりに移行していくことには、まだ課題もあるようです。今後、どのように進めていくべきと考えますか？

Q3　「TETTE」を活用した活動を中心に、ボン・ジョーノ内の就業者やボン・ジョーノ周辺地域の住民を巻き込んだ活動が行われつつあります。今後こういった方々をより積極的に巻き込んでいくためのアイデアを考えてみてください。

2部

エリアマネジメントのすすめかた

How to proceed with area management

エリアマネジメントの始めかた
──スタートアップから事業構築まで──

エリアマネジメントがどう始まっていくか。これは意外に語られていない。そして、経験していないと難しい。私自身が姫路や池袋、さいたま新都心などのまちのエリアマネジメントの始まりに関わった経験と、エリアマネジメント研究を通していくつもの事例を見聞きしてきた中で、エリアマネジメントの始めかたについて、まとめていきたい。

そもそも「エリアマネジメント」という言葉が生まれたのは、2002年の浅井論文[1]であり、「一定の広がりを持った特定エリアについて継続的な視点で都市づくりから地域管理まで一体的に行う活動」と定義された。2002年にNPO法人大丸有エリアマネジメント協会が設立され、活動が始まったことが、「エリアマネジメント」と称された実践の最初である。それから20年近くが経ち、エリアマネジメントの裾野が広がり、都心部の企業系エリアマネジメントだけではなく、地方都市、住宅地、観光地にも広がっている。

そのような中で、エリアマネジメント自体は全てが特殊解であり、決まったフォーマットというものはない。地域によって、都市構造やまちの状況は異なるし、担い手やプレイヤー、ステークホルダーなど属人的な要素も多い。「結局は人」と言われることも多いし、その通りである。最近では、事例が増えてきたため、ケーススタディを集めることで共通項も見えるようになってきた。

本章では、「エリアマネジメントの始めかた」として、2つの仮説を中心に紹介し、その考え方とすすめかたを解説する中で、エリアマネジメントの実践者やこれから検討する人たちへ視点を提供したい。ぜひ、参考に、エリアマネジメントの実践に役立ててほしい。

状況の違いを自覚する4つの視点

「エリアマネジメントの始めかた」といっても、一言では語れない。そして、1つのやり方ではないように感じている。日本のエリアマネジメントの歴史が、2002年に始まったとすると、時代とともに進化しているように思う。

2000 年代のエリアマネジメント

2000 年代のエリアマネジメントは、NPO 法人大丸有エリアマネジメント協会や We Love 天神協議会のように、大企業や百貨店中心のエリアマネジメントが多い。また、国土交通省が「エリアマネジメント推進マニュアル」[2] (2008 年) にまとめたように、まだエリアマネジメントの事例も少なければ、認知度も今に比べれば相当低かった。私が 2007 年に修士論文で研究をしているころには、エリアマネジメントという新しい流れと仕組みを勉強しつつ、先進事例を学ぶような様相であった。そこには、「エリア」（＝地域）という単位が重要視され、企業や百貨店などの大きな組織や商店街・町会などの地域コミュニティとの参加や共存が求められ、大きな組織が集積し、多様な組織の連携が求められていた。それには、どのような法人格を含めた組織形態が良いのか、法人格のメリット・デメリット表から組織形態の検討がなされることが多かった（2008 年の公益法人制度改革により、一般社団法人が生まれ、事例の蓄積と共に、この検討は現時点では大きな課題ではない）。この 2000 年代のエリアマネジメント時代は、今のエリアマネジメント界の基礎を築いた。

2010 年代のエリアマネジメント

2010 年代のエリアマネジメントは、状況が少し変わってくる。2 つの流れの変化があると考える。

・潮流 1：都心部から地方都市に展開したエリアマネジメント

1 つ目は、「地方都市への展開」である。中心市街地活性化法が 2006 年に改正され、TMO（まちづくり会社）が格下げされ、中心市街地活性化協議会が中心となる。ここで、TMO の再編や新たな組織を立ち上げる例が出始めた。札幌大通まちづくり会社は、商店街主体に組織化されているが、中活の議論から発展している。まちづくり福井株式会社は、TMO のまま、まちなかオープンテラスなど継続的にエリアマネジメント活動を展開している。そういった地方都市のエリアマネジメントが 2010 年代に活動を展開し、さらに新規に立ち上がる場合も増え、裾野が広がった 10 年ともいえよう。一方で、エリアマネジメントが多様化し、様々なテーマや手法があり、体系化されていない節は否めない。

・潮流 2：公共空間活用とエリアマネジメント

2 つ目は、「公共空間活用の潮流」である。2011 年に、「道路占用許可の特例」が生まれたことがエリアマネジメントとしては非常に大きかった。2000 年代にも社会実験などでオープンカフェなどの実施はあったが、法律がないために社会実験から先に進めなかったのである。また、エリアマネジメントを考える上で、道路空間

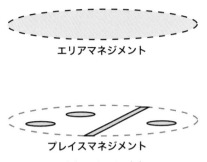

図1・1　エリア志向とプレイス志向

を検討する地域は多く、活動財源確保やエリアイメージ向上などが期待され、各地で実践と模索がなされている。他に河川敷地占用許可準則や都市公園や条例広場の指定管理などもエリアマネジメントの貴重な財源であり、活動の核になった。こういった取組みを目指し、実績づくりやプレイヤーの巻き込みなどを意図した社会実験が増発し、特例制度や指定管理者選定に向け、小さなアクションもエリアマネジメントでは多くみられるようになった。ここで、公共空間を運営する具体的な「事業」が多くなり、また誰が運営するのかという、組織のみならず、「人」の確保や育成の議論も増えてきた。現状では、パブリックスペースを扱っていないエリアマネジメントを探す方が難しいほどになっている。虎ノ門の新虎通りエリアマネジメントは、道路内建築やオープンカフェを展開し、宇部のしばふ広場など空き地（民地）の公的活用の事例なども展開されてきた。

　そのようなエリアマネジメントの変遷を外観すると、2000年代に基盤として確立されたエリアマネジメントは、エリアから始まる「エリア志向」が多かった。また、いかに組織をつくるかという、「組織志向」が築かれた。

　一方で、2010年代には、公共空間活用が盛んになり、空間の改善や場づくり（プレイスメイキング）など、特定の場、プレイスから始まる「プレイス志向」が増えてきたのではないだろうか（図1・1）。同時に、いかに地域のステークホルダーとの関係やプラットフォームを築くかも重要ではあるが、まず事業としての成立を重要視する、「事業志向」が築かれたのではないかと考える。

　「エリアマネジメント」という言葉の意味も多様化し、裾野が広がっている現状において、2つの志向を仮説として整理し「エリアマネジメントの始めかた」を考察したい。

エリアから始める／プレイスから始める、組織指向のエリアマネジメントのプロセス

　エリアから始めるのか、プレイス（空間）から始めるのか。鶏と卵のような話ではあるが、これは地域の状況に応じて、どちらが良いのかは変わるのではないかと考える。また、どちらを選択するというよりも、多くの場合は、エリアマネジメン

トを行う動機が何かを考えた時に、エリアの改善が論点か、道路や公園などのプレイス（空間）改善が論点かによる場合が大きい。

(1) ステークホルダーを明確にする

　これは、プレイスメイキングの5ステップ[3] でも言われているが、誰とエリアマネジメントを議論するかを決めていくことは極めて重要である。キャスティングボードとも呼ばれるが、人物の体制や役割を明確にするためにも最初に想定されるステークホルダーを整理する必要がある。誰が地域の代表か、議論をするべき人は誰か、会に参加してもらう人、プレイヤーや事務局は誰か？　エリアマネジメントは多様な主体の化学反応によって生まれる。いかに衝突を少なく、いかに調和しながらチームでやっていくか、それぞれが納得と理解を得るために、どのように進めるべきか、最初の体制を構築できるかが重要である。また、議決権の有無や理事会など意思決定をすべき人と、議決権はないが参加してもらう人など、ある程度考え方と主体のイメージを持っておくことが大事だ。その上で、それぞれの意見やニーズを確認しながら、キャスティングボードを修正し、また確定したものとしてプラットフォームづくりへと進んでいく

(2) エリアプラットフォームの構築

　エリアから始める場合、ステークホルダーや関係者が多いので、誰が参加し、誰が合意するのかという協議会や任意団体などのエリアプラットフォーム[4] の構築が重要になる。町内会や商店街などの地域に欠かせない重鎮やキーパーソンもいるだろう。そればかりではなく、いかに多様な人を巻き込み、エリアの一体感をつくりだしていくかも重要である。重要事項を合意できる幹事会などを設けるのと並行して、参加や情報公開を求めながら、緩やかに開かれた場やWEB、SNSなどの情報発信をすることも重要である。スタート時にいかに多くの人を巻き込み、共感を生み、ファンをつくっていくかが重要なポイントである。

(3) ビジョンを描き共有する

　エリアプラットフォームが構築できたら、多様なメンバーがバラバラにならず1つのベクトルに向かっていくため、ビジョンを議論し共有する。このビジョンのあり方は近年多様化している。エリアマネジメントの多くのケースは公民連携で、行政、地域団体、企業、市民が関わる。それぞれの立場や役割の違いを認識しながら、リソースを結集し1つの方向性に向かっていく。それぞれが共感できるビジョンでなければならない。自治体が動くためには計画に位置付け、政策化し予算化する必要がある。議会や市民に対しての説明責任や大義である。一方で自治体の公式な計

画に全てを書き込むと自治体都合になり、自治体がやれることしかできなくなる。そのため、自治体の計画に位置付けつつも、任意の緩やかなガイドラインを作成し、公表することが増えている。天神まちづくりガイドライン[5]や柏セントラルグランドデザイン[6]などが例になる。自治体や企業は異動によって担当者が変わるため公民連携での議論や成果が担当者に依存することは長期に多様なメンバーが関わる上では持続的ではない。議論が振り出しに戻ったり、方向性が変わることがないようにビジョンを作成する。また、ビジョンを対外的に公表し共有することで、そのエリアへの期待感や関心が増し、プラットフォームに参加していない主体にも届くことで、プレイヤーが増えたり、企業の投資につながることもある。

⑷ 組織（法人）を設立する

　地域が目指す方向となるビジョンが策定され、地域で共有することができたら、事業を実施する体制をつくる。協議会などのエリアプラットフォームだけでは、関係者が多く、また事業を実施するプレイヤーが少ない。機動力があり、素早く事業が実施できる法人が必要になる。エリアプラットフォームの方針のもと、地域の代表やキーパーソンと若いプレイヤーがスタッフとして雇用され、事業を実施する主体となっていく。この法人は実績を積むことで、将来的に都市再生推進法人の位置付けを市町村から指定を受け、道路占用許可の特例や都市公園リノベーション協定（公園施設設置管理協定制度）などの具体的なパブリックスペース活用のスキームを担うことになる。

　法人を設立する際に、同様に事業計画を策定することになる。コアとなる事業は何か。初期投資の費用はどうするか、スタッフの雇用など想定可能な事業計画を検討していく。完璧なものをいきなり策定するのは難しいので、まずは3年くらいのステップを想定しつつ、スモールスタートで始めるのが得策である

⑸ 事業を実施する

　組織と事業計画があれば、それを実行するだけである。ここで重要なのは、AOP（アクション指向型プランニング）[7]の考え方である。調査などで現状を確認・診断し、社会実験など事業を実験的に実施、改善提案をしていくサイクルを回していくことである。

　調査で現状を確認していなければ、何を狙いとして事業を実施すれば良いのか、何が効果的なのかが不明である。利用者や市民ニーズを把握し、ツボを押すように事業を実施し、効果を高めていく。現状と実験の差をどう埋めるかは改善提案を検討する。

この AOP のプロセスは事業実施のみならず、エリアプラットフォームの構築やビジョンの策定・共有の際にも適宜必要に応じて、導入する

⑹ 事業を評価する

　実施した事業は達成度や成果、課題を評価することで、次のステップにつなげていく。評価指標は、事業計画立案時に達成度目標を想定し、それに基づき評価をするのが通例である。KPI のような数値的な指標も重要であるが、エリアの個性や地域らしさ（オーセンティシティ）を重要視するのであれば、定性的な指標は重要である。

　重要なことは、評価をすることではなく、評価した内容をどう改善策を加えて、次のステップにつなげるかである。次の事業計画に反映させることや、3 〜 5 年程度のまとまりではビジョンの見直しやフォローアップなどにも反映させることが重要である。

プレイスから始める、事業指向のエリアマネジメントのプロセス

　さて、ここまで紹介したプロセスは、組織・制度からスタートする「組織指向」のエリアマネジメントのプロセスを体系的に整理してみた。次に、「事業指向」のエリアマネジメントプロセスについて整理してみたい。

　事業指向のエリアマネジメントでは、スピーディで先進的な事業をすることが多く、比較的若いプレイヤーがそのスキルや特技を生かして事業を実施することが求められる。公園などプレイス単位でエリアマネジメント事業を行っていく場合にも範囲が狭いため有効であろう。

⑴ ゴール（目標）を明確にする

　まず、「事業指向」のエリアマネジメントでは、全体の活動の範囲も狭く、スピードが求められるため、何を目指すのかのゴール（目標）を明確にすることが重要だ。これなしでは、結局何をやるべきだったのか、その評価も難しくなってくる。また、なぜやるのか？　という Why を明確にすることで、他者の共感を得やすくなり、仲間や賛同者の獲得にも有効である。

⑵ ステークホルダーと調整

　地域で事業をする場合、地域のステークホルダーが全く関係しないまま、エリアマネジメントを行うことは難しい。特に、「聞いてなかった」というのが 1 番の問題になりやすい。その場合、誰と話をすれば良いのか、地域の人や行政などキーパ

ーソンを良く探すことが重要になってくる。地域によるが、若いプレイヤーを欲しているところや外部の人を受け入れやすい地域では、若手に任せてくれたり、人や物件の紹介など応援、協力してくれたりする。ステークホルダーと仲間になっていくことがエリアマネジメントの近道である。

⑶ 実験事業を実施する

あえて、実験とつけたのは、いきなり事業をするのではなく、スタートアップのように、実験的に事業実施をすることが重要である。特に通常のビジネスとは違い、不確実性や地域性があり、想定通りにいかないことも多い。実験的に事業を実施してみて、利用者や地域の反応を得たり、そこから関心を持ってもらうことは重要である。また、最初に描いたものは規模が大きくなりがちなので、実験事業はスモールスタートで、費用も時間も小さく、失敗してもダメージの少ない範囲で実施することがポイントである。

⑷ 実験事業を評価する

実験事業を評価するが、評価指標は事前に達成可能な目標を設定し、達成度を評価する。歩行者交通量やアンケートなどの定量データはもちろんのこと、商店街などの地域のステークホルダーを実験中に招いて振り返り会などを行う。会議資料だけでは共有不可能な実験的事業を「体験」してもらい反応を得ることは合意形成や関係構築に役立つだけでなく、地域の声やニーズ、事業についての反応としても、事業実施にあたって、大きな資産になる。

⑸ 組織（法人）を設立する

何度か実験事業を実施し、感触を得たら、本格的に事業を実施するための組織（法人）を設立する。これは事業会社など小さな組織をイメージしており、とにかくスピーディーな動きやすさを重要視する。地域のステークホルダーが事業会社に入るよりも組織の外でいかに関係構築や連携ができるかが重要であろう。

⑹ 事業を実施する

組織ができたら、本格的に事業を実施する。試行錯誤や様々な課題もあるが、やりたいこととやるべきことを重ね合わせ、着実に事業を実施していく。

⑺ 事業を評価する

評価指標は実験事業と考え方は同じであるが、1ヶ月、半年、1年、3年とより評価をするタイミングを明確に設定し、評価から得た成果や課題をフィードバックする仕組みなども設定する。場合によっては目標を修正するなども重要である。

事業指向のエリアマネジメントプロセスに欠かせないのがどう事業を実施するか

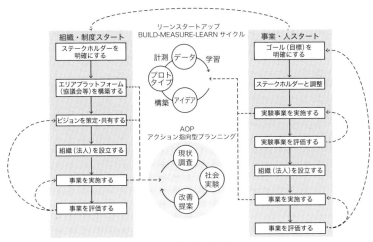

図1・2　エリアマネジメントの始め方プロセス

だ。実験事業でも本格的な事業でも、有効になるのが、BUILD-MEASURE-LEARN サイクルがあるので紹介しよう（図1・2）。これはリーンスタートアップの考え方であり、タクティカル・アーバニズム[8] でも採用されている。アイデアを構築（BUILD）し、プロトタイプ（プロジェクト）を計測（MEASURE）し、データから学習（LEARN）するサイクルを回していこうというものである。机上の計画ばかりを積み上げるのではなく、アイデアや仮説をすぐ試作したり、実験的に行うことと、その実験的な取り組みをしっかりデータをとって、振り返ることの重要性がある。実験事業の時点で、BUILD-MEASURE-LEARN サイクルの癖をつけて、本格事業でも同様のサイクルを回していくことで、事業の成果をデータで確認しつつ、さらなる実験的事業や本格事業、計画の反映など次のステップにつなげやすくなっていく。

エリアマネジメント・スタートアップマインド5ヶ条
──エリアマネジメントの実践者やこれから検討する人たちへの視点

　最後に、エリアマネジメントの実践者やこれからエリアマネジメントを検討する人たちに参考となる視点をエリアマネジメント・スタートアップマインドとして紹介したい。

Ｉ　エリアマネジメントは全てが特殊解

　エリアマネジメントの現場や講演で「エリアマネジメントの成功事例は？」とよ

く聞かれる。成功ってなんだろう？　とよく思う。また、「あのエリアマネジメント事例は参考にならない」という嘆きも聞こえてくる。

　この質問の根底には、方程式やマニュアルがないと、エリアマネジメントができないと思い込んでいる節を感じる。そして、ないものをずっと追い求めている。

　まず、認識しなければならないのは、エリアマネジメントの全てが特殊解であるということだ。なぜならば、まちの状況が全く同じ都市というのは存在しないし、同じようなまちのつくり方をしていたとしても、地場産業や人、歴史なども異なる。そのまちやエリアの特性に合わせてエリアマネジメントをカスタマイズしながら組み立てていく必要がある。しかし、0→1（ゼロイチ）から新たなやり方を編み出すのは発明に近く、非常にテクニカルかつ困難になってしまう。

2　他地区のエリアマネジメントからコピーしない

　次に、他地区のエリアマネジメント事例の学び方も気をつけた方がいい。多くの場合、他地区の事例の良いポイントをコピーしようとするのだ。今、全国のエリアマネジメント事例が同じような活動をしている節があるのはこのマインドにもよるかと思う。

　そこで、エリアマネジメントの全ては特殊解と自覚した上で、他の地区の事例の共通する部分、似ている部分、参考となる部分を探すことが重要である。自分のまちでも使える可能性のある参考ポイントを自分のまちにカスタマイズしていくのである。また、他の都市や国のアイデアを積極的に参照することも重要だ。例えば、ニューヨークのタイムズスクエアの広場化のアイデアは、ヨーロッパの広場にある。サンフランシスコ市のパークレット[7]のアイデアも、イタリアのオープンカフェの車道に迫り出した形態と、カリフォルニア州マウンテンビュー市のカストロストリートのフレキシブルゾーンを参照している。しかし、実際に現地を訪れても参照先を感じさせないのは、見た目や形だけを真似てはいないからだ。思想や考え方、発想は参照していても、そこからカスタマイズしているところにオリジナリティが出てくる。

3　最初は大きなことよりも小さなことから

　エリアマネジメントを構想する時に、ワークショップなどでどんどん関係者の妄想や構想、アイデアが広がってくると、話が大きくなっていくことがあるだろう。情報やアイデアは増え、それぞれの思惑もあるので、事務局は話をまとめるのが大変になってくる。一方、夢は膨らむが、最初からできることは大きくはない。ビジョンや目標を持つことは非常に重要だ。しかし、まずはできることを着実に行うた

めに、小さなことから始めることが大事である。特に、多様な主体との連携によって、エリアマネジメントは実践されるので、事業を始めてみないとどんな連携体制が組めるのか、役割が発揮できるのか分からない部分が多い。小さなことから階段を一段ずつ登るように進めていくことがコツともいえる。

4　公・民・地域連携の共通言語をつくる

　エリアマネジメントを実施する場合、公民連携で行うことがほとんどである。そこで、よく起こるのは、行政と民間あるいは地域との考え方や常識の違いによる齟齬や摩擦だ。それぞれの役割やエリアマネジメントに求めるものが違うことで、意見の相違が起こりがちだ。行政は市民の声やクレーム、あるいは議会対応などを気にしながら仕事をしているし、管理費削減などの行政側のミッションもある。地域としては、経済活動の活発化や地域コミュニティの課題解決、市民生活の充実、民間企業はCSVや地域貢献による事業の展開、あるいはテナントへの付加価値向上、地権者としての立場など様々である。そのような時に、エリアマネジメントに求めるものや向かうべき将来像、エリアマネジメントを行う目的など共通言語をつくる必要がある。その場合、具体的にエリアマネジメントの事例を訪れて肌で感じイメージを膨らませることや、専門家のレクチャーに参加したり、勉強会・セミナーなどで公・民・地域の主体が一緒に学び、共通言語をつくることが重要である。

5　みんなの合意よりも覚悟ある1人の行動を大事に

　エリアマネジメントを行う場合、関係者が多くなる。それにより、物事を合意することも難しくなる。「みんなの合意」を得ることの難しさである。もちろん、行政側は公平性を重視するし、全ての人が納得して進めることは理想的ではある。しかし、「みんなの合意」を優先事項にしてしまうと、物事が動かなくなることは多いだろう。例えば、アメリカのBID（ビジネス改善地区：Business Improvement Diostrict）では、3分の2の地区内投票で、対象地区でBIDを実施するかどうかを決める。必ずしも全員合意では決めていない。しかし、対象地区にはBIDの恩恵が受けられるので、州法のBID税は反対意見を持つ人も課税される仕組みである（フリーライダー防止である）。

　また、物事が決まらないパターンのひとつに、誰がやるのかという論点になる。誰もやりたくないのであればやれない。地域で活動をする時は本当に周りの目が気になるのである。下手をすれば日常生活にも影響を及ぼすこともあるだろう。覚悟を持ってやろうとする人がいたとしても、周りの目が気になって手をあげられない。そんな時、周りの人は、是非背中を押してあげたり小さな失敗は見守ることをぜひ

してほしい。声の大きい人よりも、行動する人の方がエリアマネジメントとしては大きな戦力になる。

6　今できることと、将来できることは違う

　エリアマネジメント活動は、内閣府の地域再生エリアマネジメント負担金制度ガイドライン[9]によれば、全国のエリアマネジメント団体の50％以上が、賑わい・イベント・アクティビティの活動を展開している。昨今の新型コロナウイルス感染症の世界的流行（パンデミック）により、国内のエリアマネジメント団体もイベントや賑わい活動ができずに悩まされているだろう。

　そんな状況だからこそ、考えて欲しいのは、今できないことが将来できないこととは限らない。逆に言えば、今できることと将来できることは違うということだ。今見えていないことも妄想やアイデアをブレストし、将来の可能性を広げよう。将来予測や展望を持って、現状できないことでも、臆せずに階段を登るように向かっていって欲しい。

（執筆：泉山塁威）

参考文献
1）浅井孝彦、森田佳綱、内海麻利、小林重敬、南珍「大都市都心部におけるエリアマネジメントの実態に関する研究」『日本都市計画学会都市計画論文集』 37巻、p.601–606、2002年
2）エリアマネジメント推進マニュアル検討会編著、国土交通省土地・水資源局土地政策課監修『街を育てる――エリアマネジメント推進マニュアル』コム・ブレイン、2008年
3）小仲久仁香――ソトノバ『Project for Public Spaces が提唱するプレイスメイキングの5つのステップ』2018年
　https://sotonoba.place/20180207placemaking_5steps（2022年7月19日閲覧）
4）国土交通省都市局まちづくり推進課『まちづくりの可能性を広げるエリアプラットフォーム』2020年
5）We Love 天神協議会『天神まちづくりガイドライン』2008年
6）一般社団法人柏アーバンデザインセンター（UDC2）、柏市、柏市商工会議所『柏セントラルグランドデザイン――柏駅周辺基本構想』2018年
7）出口敦、三浦詩乃、中野卓編著、宋俊煥、泉山塁威他著『ストリートデザイン・マネジメント：公共空間を活用する制度・組織・プロセス』学芸出版社、2019年
8）泉山塁威、田村康一郎、矢野拓洋、西田司、山崎嵩拓、ソトノバ共編著、マイク・ライドン、アンソニー・ガルシア他著『タクティカル・アーバニズム――小さなアクションから都市を大きく変える』学芸出版社、2021年
9）内閣官房まち・ひと・しごと創生本部事務局内閣府地方創生推進事務局『地域再生エリアマネジメント負担金制度ガイドライン』2020

2-2 エリアマネジメントの事業内容とその効果

Issue 民参加のまちづくりから民主導のエリアマネジメントへ

　これまでの「まちづくり事業」の中には、行政財源に依存的な活動も多く、地域のために必要な活動であるものの、必ずしも地域の特色が活かされず、持続可能性に問題があることが多かった。近年、こうした課題を解決するために民間主導型まちづくりが求められており、そのためには財源的な自立性が最も重要な課題である。こうした取組みは、未だ過渡期にあり、定着したと言い切れないが、民間活力を活用しなければ、今後全国土を行政だけでは、維持管理しきれないというコンセンサスはある程度形成されているように思われる。近年様々な自治体で策定している立地適正化計画もそうであるが、新たに都市構造を集約するための居住空間の再編など、行政だけでは強制的に判断しきれない部分に関しては、地域の合意形成のツールが必要であり、その1つの可能性としてもエリアマネジメント組織の存在が重要である。

　地域住民が集まり「楽しく」交流しながらコミュニティを増進することも重要なことであるが、それらの活動を持続させるためには、地域のまちづくりのための「収益事業」を地域主体が主体的にできるような環境づくりが必要である。つまり地域に存在する公共空間又は公開空地、公園・河川空間、空き家・空き店舗など、多様な共有資産を活用しながら収益事業を起こし、あくまで地域再生又は地域活性化のために実施、その利益の一部を地域に再投資・還元する必要がある。これは、単に地域住民のボランティア精神に基づくものではなく、共益となることで地域住民の自発的かつ、持続的参加につながる。

　他方で、単に収益を上げて地域には何の資源も残さない、いわば焼畑農業型のまちづくり事業は避けなければならない。

　こうした考えのもと、エリアマネジメント人材育成研究会では、どのような団体活動がエリアマネジメントといえるかについて議論を重ね、エリアマネジメントの判断基準を整理した。その結果、エリアマネジメントにおいては以下の12項目を

満たすことが期待されていると考える。

①特定のエリアを対象にしていること

②特定主体に偏らず多様な関係者を含む組織であること

③地域課題に対する具体的な活動を実施していること

④地域の将来ビジョンを持っていること

⑤エリア内の様々な団体とネットワークを形成していること

⑥行政と協力関係であること

⑦公共空間の利活用の活動実績があること

⑧事務局や連絡先が明確であること

⑨運営と会計に規約が存在すること

⑩事業計画を持っていること

⑪組織の情報を発信し公開していること

⑫常に変化する組織であること

つまり、エリアマネジメントとは、地域に根差し、ボランティア的活動を含め、地域の信頼の下で活動を続けていることが重要である。実際にこの 12 基準を全て満足している組織は少ないと思われるが、この基準を満たしていくために継続的に進化・発展することが重要だ（表2・1）。

では、そうしたエリアマネジメントはどのような活動・事業内容を進めていけば

エリアマネジメントといえること	エリアマネジメントとはいえないこと
・特定の地域（エリア）を対象にしている	・単一の敷地、建物を対象としている
・地権者、事業者、住民など地域の関係者を含む組織がある	・外部人材だけで進め、地元の人と融合していない
・地域の現状や課題について話し合い、その解決に向けて具体的な活動を行っている	・再開発等、つくる段階の計画づくりが主である
・まちの将来ビジョンを持って活動している	・将来ビジョンはなく、単発の活動を積み重ねている
・地域内外で活動する団体・個人との連携を行っている	・他団体や個人との連携はない
・行政との協力関係がある	・行政とは関係なく活動している
・道路や公園など公共空間での活動実績がある	・公共空間を使うために行政等と話し合ったことがない
・事務局があり、連絡先が明確である	・公表している連絡先はない
・運営や会計に関する規約がある	・運営や会計に関する規約は整えていない
・事業計画をもっている	・事業計画は特につくっていない
・組織の情報を発信・公開している	・組織の情報を発信するツールを持っていない
・常に事業を見直し、変化し続けられる組織である	・事業の見直しや組織の再編は行うつもりがない

表2・1 エリアマネジメントの判断基準 （出典：都市計画学会研究交流分科会 A エリアマネジメント人材育成研究会 HP）

いいのか。また、その活動・事業をどのように評価するのか。

Research1　エリアマネジメントの活動・事業内容の類型化

　東京駅周辺の大丸有地区で「エリアマネジメント」という用語を使い始めてから、20年近く経過しており、エリアマネジメント組織や活動などは、複雑で重層的に展開している。全国に広がっているエリアマネジメント活動が組織特性・活動内容・財源調達などにより多様化していることに着目し、エリアマネジメントを実施している団体を対象に類型化を行うことで、その特徴と傾向を整理した。

　この分析は、2014年から2015年にかけて国土交通省都市局まちづくり推進課、京都大学経営大学院及び和歌山大学経済学部により共同で実施されたアンケート調査のデータを基に、493エリアマネジメント団体のデータを用いた。アンケート調査の回答者は、各自治体の担当者であり、各自治体の立場から地域内で実施されているエリアマネジメント組織と判断したものについて回答して頂く形をとっている。

　全国に493団体について統計分析を行った結果、全国のエリアマネジメントは、大きく4つの指向性を持ち、いずれかの指向性を強めながら活動を進めていることが明らかとなった。

　1つ目は、「公共施設などの事業指向」。つまり、事務局などの拠点を持つ組織が公共施設の活用などを行い、事業性を持った活動を行おうとしている。

　2つ目は、「賑わい活動指向」。イベント活動など、収益活動として賑わい活動を充実することを目指している。逆に「賑わい活動指向」が弱くなれば地域ビジョンやルールの策定活動など「まちづくりのビジョン・ルール指向」が強まっていくことも特徴である。

　3つ目は、「民間施設利活用指向」。株式会社などの企業がいかに民間施設の公的利活用を充実しているかを示している。

　4つ目は、「民間ネットワーク活動指向」であり、エリアマネジメント団体がいかに民間主体間ネットワーク（コミュニティ）を形成し、財源的にも自立しているのかを示すものであり、逆にこの指向が弱まっていくにつれ、自治体からの補助金や委託金などに依存する「行政依存指向」になる。

　このように、上記の4つの指向性の増減により、現在全国で行われているエリアマネジメント団体の特徴を整理した。また、4つの指向性の増減から493団体の類型化（クラスター分析）を行い、明らかとなった8グループの特徴を整理する（表

項目 / 類型	活動市町村人口の平均	商業系地域を活動区域とする団体の割合	住宅系地域を活動区域とする団体の割合	活動を行う団体の割合							
				まちづくりビジョン・ルール等	マルシェ及び物販・飲食	情報発信	防災・防犯、環境維持	指定管理	指定管理以外の公共施設の整備・管理	民間施設の公的利活用	
GA：民間及び公共施設利活用・管理事業型（23団体）	40万人	91.3 %	0.0 %	17.4 %	26.1 %	60.9 %	21.7 %	30.4 %	17.4 %	100 %	
GB：まちなか賑わい活動中心型（83団体）	19万人	61.4 %	38.6 %	7.2 %	67.5 %	38.6 %	22.9 %	9.6 %	3.6 %	0.0 %	
GC：行政依存・まちのルール策定型（120団体）	23万人	45.8 %	51.7 %	59.2 %	0.0 %	27.5 %	41.7 %	17.5 %	6.7 %	0.8 %	
GD：民間発意・まちのルール策定型（75団体）	31万人	54.7 %	40.0 %	69.3 %	1.3 %	9.3 %	38.7 %	1.3 %	24.0 %	0.0 %	
GE：非事業・施設非利用型（83団体）	25万人	61.4 %	33.7 %	28.9 %	20.5 %	30.1 %	51.8 %	0.0 %	7.2 %	0.0 %	
GF：公共施設等の事業中心型（34団体）	17万人	70.6 %	26.5 %	26.5 %	23.5 %	61.8 %	29.4 %	52.9 %	14.7 %	11.8 %	
GG：行政協同・民間施設公的利活用型（52団体）	29万人	73.1 %	21.2 %	34.6 %	26.9 %	53.8 %	36.5 %	25.0 %	13.5 %	57.7 %	
GH：民間主導・事業型（23団体）	43万人	69.6 %	30.4 %	52.2 %	0.0 %	34.8 %	34.8 %	13.0 %	26.1 %	21.7 %	
全体（493団体）の平均値	26万人	60.2 %	36.3 %	39.8 %	20.7 %	34.1 %	37.1 %	14.4 %	11.6 %	12.8 %	

表 2・2　類型別の都市特性及びエリアマネジメント活動特性

2・2）。

(1) 民間及び公共施設利活用・管理事業型（23団体、表 2・2 のグループ A）：

　株式会社まちづくりとやま、札幌大通まちづくり株式会社、オガール紫波株式会社などの 23 団体が属している。「民間施設利活用指向」が強く、「公共施設などの事業指向」も強い特徴を持っている。株式会社などの法人格を有する民間組織により、民間施設及び公共施設の公的利活用に関する事業を進めている団体が多い。

(2) まちなか賑わい活動中心型（83団体、表 2・2 のグループ B）：

　一般社団法人 We Love 天神、刈谷駅前商店街振興組合、一般財団法人柏市まち

組織形態を持つ団体の割合			主な収入源の割合					活動・会員等が現在の内容・規模になった年の平均	民間発意の割合	最も大きな効果がまちのにぎわい・景観である団体の割合	最も大きな効果がにぎわい集客である団体の割合	最も大きな効果が住民意識・ネットワークである団体の割合
任意組織	NPO	株式会社	会費その他の出捐金	イベント・アクティビティからの収入	公共施設の管理等による収入	民間施設の公的利活用からの収入	自治体からの補助金、委託金等					
0.0 %	0.0 %	100 %	21.7 %	17.4 %	34.8 %	65.2 %	34.8 %	2005.9	73.9 %	4.3 %	60.9 %	4.3 %
84.3 %	0.0 %	0.0 %	38.6 %	54.2 %	8.4 %	1.2 %	69.9 %	2005.6	60.2 %	1.2 %	79.5 %	7.2 %
95.0 %	0.0 %	0.0 %	12.5 %	1.7 %	6.7 %	1.7 %	79.2 %	2004.9	26.7 %	30.0 %	3.3 %	30.0 %
94.7 %	0.0 %	0.0 %	68.0 %	0.0 %	1.3 %	0.0 %	21.3 %	2006.0	98.7 %	44.0 %	6.7 %	24.0 %
95.2 %	0.0 %	0.0 %	56.6 %	7.2 %	0.0 %	0.0 %	55.4 %	2002.3	86.7 %	24.1 %	30.1 %	15.7 %
0.0 %	97.1 %	0.0 %	44.1 %	55.9 %	29.4 %	2.9 %	67.6 %	2006.8	67.6 %	8.8 %	35.3 %	14.7 %
36.5 %	3.8 %	46.2 %	36.5 %	28.8 %	13.5 %	7.7 %	51.9 %	2005.2	53.8 %	9.6 %	46.2 %	21.2 %
0.0 %	87.0 %	0.0 %	73.9 %	17.4 %	21.7 %	8.7 %	26.1 %	2005.4	95.7 %	39.1 %	13.0 %	21.7 %
71.6 %	11.2 %	9.5 %	40.8 %	19.3 %	9.3 %	5.1 %	56.6 %	2005.0	64.5 %	21.9 %	31.0 %	19.3 %

（出典：参考文献 1 を元に再整理）

づくり公社などの 83 団体が属している。「賑わい活動指向」が強い一方、「民間施設利活用指向」と「公共施設などの事業指向」ともやや弱い特徴を持っており、施設の利活用・管理よりは、まちの賑わい創出のための物販・飲食やイベント活動を多く行っている。

⑶ **行政依存・まちのルール策定型（120 団体、表 2・2 のグループ C）：**

　蓮田駅西口地区まちづくり協議会、古高松地区コミュニティ協議会、さいたま新都心まちづくり推進協議会など、いわゆる「協議会」の名称の組織を持つ団体が多い。「賑わい活動指向」と「民間ネットワーク活動指向」は弱い特徴を持ち、「公共

施設などの事業指向」と「民間施設利活用指向」もやや弱いことから、賑わいづく
りのための各種イベントや事業性を持った活動よりは、まちのビジョン・ルールな
どを策定している団体が多く、また、公共発意より創設され、法人格や事務局を持
たず、行政の補助金などに依存している団体が多い。

⑷ 民間発意・まちのルール策定型（75 団体、表 2・2 のグループ D）：

　栄町大通り街づくり委員会、御堂筋まちづくりネットワーク、仙台駅東エリアマ
ネジメン協議会などの 75 団体が属している。「民間ネットワーク活動指向」が全て
の団体で強い傾向にある一方で、「公共施設などの事業指向」と「賑わい活動指向」
は、弱い傾向であることから、民間発意による会員制などの団体が中心となり、ま
ちのルール策定に重点を置いている。

⑸ 非事業・施設非利活用型（83 団体、表 2・2 のグループ E）：

　富士 TMO、中野 TMO、旧居留地連絡協議会、I love しずおか協議会などの 83
団体が属している。「公共施設などの事業指向」と「民間施設利活用指向」が弱い
傾向にあり、このグループは、公共施設及び民間施設を活用した事業活動はほとん
ど行われておらず、特に強い指向を持った活動は見られないが、様々な活動をバラ
ンス良く実施している。

⑹ 公共施設などの事業中心型（34 団体、表 2・2 のグループ F）：

　NPO 法人小杉駅周辺エリアマネジメント、NPO 法人 I Love 加賀ネット、NPO
法人エリアマネジメント北鴻巣などの 34 団体が属している。「公共施設などの事業
指向」は強い傾向にある一方で、「民間施設利活用指向」は、非常に弱い。民間施
設ではなく、指定管理による公共施設の管理などを中心に行う、専属の職員がいる
一般 NPO などの法人格を持つ団体が多い。

⑺ 行政協同・民間施設公的利活用型（52 団体、表 2・2 のグループ G）：

　黄金町エリアマネジメントセンター、株式会社まちづくり大津、舞鶴 TMO など
の 52 団体が属している。「民間施設利活用指向」は、上記の民間及び公共施設利活
用・管理事業型よりは弱いが、全ての団体で高いプラスの傾向にある。一方で、
「民間ネットワーク活動指向」は強くないことから、民間施設の公的利活用を行っ
ているが、行政資金（補助金、委託金）を得て活動しているケースや、公共発意の
ケースも少なくないことが分かる。

⑻ 民間主導・事業型（23 団体、表 2・2 のグループ H）：

　NPO 法人 JR 吹田駅周辺まちづくり協議会、NPO 法人大橋エリアマネジメント
協議会、NPO 法人御堂筋・長堀 21 世紀の会などの 23 団体が属している。「公共空

間などの事業指向」と「民間ネットワーク活動指向」が、全ての団体で強い傾向にある。その一方で「賑わい活動指向」と「民間施設利活用指向」は弱い。このことから、民間発意の会員制の団体、特に一般NPOなどの専属職員がいる法人格を持つ団体が、指定管理などにより公共空間及び公共施設の管理業務を実施しているケースが多い。

こうした類型別の特徴を整理すると、現在のエリアマネジメント団体は以下のような見取り図になることが見えてくる。

第1にイベント活動を指向するグループがある（表2・2のGB、以下同様）。このグループは、まちづくりビジョン・ルールや公共施設・民間施設ともに管理活用事業を行う割合が低く、ほとんどが任意組織又は商店街振興組合・連合会という組織特性を持つ。また、イベント活動による収入の割合は多い一方、自治体からの補助金・委託金や会費の割合も少なくない。

第2に、民間施設利活用指向の強いグループがある（GA、GG）。このグループは、公共の関与の割合により類型が分かれる。1つは全て株式会社によるグループであり、主な収入源として、民間施設の公的利活用が多く、その内容は、駐車場共有化、空き店舗対策、不動産事業、地域交通事業など多様である。もう1つは、任意団体で行政などの公共発意が多い。また、活動内容も必ずしも民間施設の公的利活用を行っているわけではなく、様々な活動を実施している。主な収入源も行政の補助金・委託費が高い。

第3に、公共施設などの事業指向が強いグループがある（その強さの順にGF、GH、GA）。それぞれ、民間施設利活用指向が弱い類型と強い類型、民間ネットワーク活動指向が強い類型がある。いずれのグループも活動頻度が他のグループと比べ多い。法人形態は、主にNPO法人と株式会社である。NPO法人は自治体からの補助金・委託金なども得ながら指定管理を中心として活動するものと、会員型で賑わい以外のまちなみ景観や施設管理など様々な活動を行うNPO法人がある。

第4に、まちづくりビジョン・ルールなどの策定を指向するグループがある（GC、GD）。これも公共関与の割合により類型が分かれる。共通する特徴としては、任意組織の割合が非常に高く、まちなみ景観か住民意識やネットワークが主要な効果であり、活動頻度が比較的少なく、民間施設の公的利活用などは行わないなどの点がある。一方で、民間発意の多いグループは、まちづくりビジョン・ルールなどの活動の中でも、地域共有ビジョン・方針とまちなみ・広告などの任意ルールを多く活用する。対して、公共発意の強いグループは、市街地整備事業における合意形

成を含む様々なまちづくりビジョン・ルールなどを活用する特徴を持つ。

　第5に、特徴的な活動を特定しにくいグループも存在する（GE）。このグループは、民間発意の任意団体が多い一方、公共施設・民間施設ともに管理活用事業を行う割合が低く、自主財源の割合も低い。また、活動や参加者が概ね現在の内容・規模になってから比較的長く経過している団体が多いことが共通する。

Research 2　エリアマネジメントの類型とその効果

　読者におかれては、取り組んでいるエリアマネジメント団体が上記の8つのグループの中でどのような類型に当てはまるのか、今後、どのような類型を採用するのが有効であるのかを考えてほしい。それは、人口規模・人口減少の進行度合・自治体の財政規模・所在する民間事業者の数や規模などにより異なると思われる。人口規模が大きい又は、人口増減率が高いエリアでは、エリアマネジメントの担い手の1人として想定される民間企業が多く、自治体財政も比較的豊かであると想定され、エリアマネジメントの各種効果が相対的に大きいと考えられる。一方で、人口減少率が高い都市では、エリアマネジメントの担い手となる人材の確保が困難であり、また経済の活性化がより困難であると想定され、エリアマネジメントの各種効果が相対的に小さいと考えられる。すなわち、小規模都市や人口減少率が高い都市ではエリアマネジメントの効果は小さいと思われるが、それでも効果のある様態のエリアマネジメントがあるだろう。

　次に課題になるのが、エリアマネジメント活動の効果をどのように評価するかだろう。この方法や尺度については議論の余地はあるが、本章では、エリアマネジメントの定義である「地域の良好な環境・価値の維持・向上」の目的を達成した場合、残される結果として「地価」への影響がある。そこで全国の地価サンプル（全国439団体における839地点）を用いてその効果を見出した調査を紹介しよう。エリアマネジメント団体の存在は、その活動範囲内で、イベントなどを含めた各種活動が行われ、それは直／間接的に街並みの景観や賑わい集客などに影響を与える。そういった活動の繰り返しは、当該関係者が企図していなくても最終的に地価に反映されると考えられる。[文2)]

　493団体に関しては、人口規模と人口増加率の中央値を境に、大規模都市（人口中央値以上）と小規模都市（人口中央値未満）、成長・現状維持都市（人口増加率中央値以上）と衰退都市（人口増加率中央値未満）の区分に分け、エリアマネジメ

	全地点	大規模都市 （148,669 人 以上）	小規模都市 （148,669 人 以下）	成長・現状維持 都市 （人口増減率 −0.359 ％以上）	衰退都市 （人口増減率 −0.359 ％以下）
G1：民間施設利活用中心型	◎	○		○	○
G2：まちなか賑わい活動中心型	○	○	○	◎	
G3：行政関与・まちのルール 　　　策定型					
G4：民間中心・非事業型	○	○			○
G5：民間主導・公共施設利 　　　活用中心型					
目的1：良好なまちなみや 　　　　景観の形成	○	○		○	○
目的2：賑わいや集客	○	○	○	◎	○
目的3：消費活動や売上、雇用 　　　　等の地域経済の活性化	◎	◎	○	◎	○
目的4：防災・防犯・安全	◎	○		○	○
目的5：住民等の意識の向上、相互 　　　　理解、ネットワークの形成	○			○	

◎は特に効果有、○は効果有を表す

表 2・3　都市規模や特性に合わせた効果的エリアマネジメントの類型と目的　　（出典：参考文献 3 を元に再整理）

ントの類型及び目的と、地価との関係をみる。[文3] なお、市区町村の人口規模と人口増加率の中央値は、それぞれ 14 万 8669 人、−0.359 ％であった（表 2・3）。

　大規模都市および成長・現状維持都市については多くの類型のエリアマネジメントに効果が見られた。一方で小規模都市や衰退都市では効果がある類型のエリアマネジメントが少なく限定的であることが分かる。ここでは、特に小規模都市や衰退都市に有効なエリアマネジメントに何があるのかを深く見てみる。

　小規模都市では、賑わい・集客や地域経済の活性化といった経済に関連するエリアマネジメントは効果がある。人口規模が小さい都市は娯楽が少ない傾向にあり、エリアマネジメントによる追加的な娯楽機能の増加が賑わいの向上に大きく寄与していると考えられる。

　衰退都市と小規模都市とを比較すると、類型では、衰退都市でのみ「民間施設利活用中心型」が効果有となっているが、小規模都市でのみまちなか「賑わい活動中心型」は効果有となっている。一方、目的では経済系の目的である、「賑わいや集客」及び「消費活動や売上、雇用などの地域経済の活性化」は共に効果があるという結果となった。このことは、衰退都市と小規模都市では、経済系の目的とすることは同じだが、その手段として有効なエリアマネジメントの様態が異なることを示

唆している。

　例えば、和歌山市と北九州市のリノベーション活動などは、国土交通省によりリノベーションまちづくりの先進事例として取り上げられているが、衰退都市に豊富に存在する遊休不動産を活用し比較的安価なイニシャルコストで民間施設の公的利活用を行うことが、衰退都市の1つの有効なエリアマネジメント手法であることは間違いない。更に、衰退都市では「良好な街並みや景観の形成」の目的も効果有となっている。空き店舗が多い景観は、負の印象を与えるが、リノベーション活動などを行うエリアマネジメントは長い目で見ると街並み景観に良い影響を与えると判断できる。

　小規模都市（かつ成長・現状維持都市）では、主に賑わいイベントの実施が有効である一方、衰退都市では、民間主導で清掃美化活動やパトロール活動、防災訓練などの非事業活動を行う「民間中心・非事業型」と「防災・防犯・安全」を目的とするエリアマネジメントが効果有となっている。いわゆる衰退都市は、高齢化が進展しており、地域に住む高齢者の防災や安全・安心に対するニーズが色濃く反映されていると考えられる。こういった活動を実施することで、高齢者が安心して徘徊できるまちづくりを目指すことも将来的には地価への良い影響を与えることにつながることが示されている。

Strategy　目的設定、活動、効果測定をどう考えるか？

　このように、同じくエリアマネジメントを行っていると言っても8グループという異なる指向性を持ったエリアマネジメントが存在することが分かる。明確になっているのは、空き家・空き店舗又は、駐車場事業などを含めた民間施設の利活用は株式会社、集客イベントは任意団体又は一般社団法人、公共施設などの管理事業はNPO法人、まちづくりビジョン策定は協議会、と強い親和性があること。また、行政の関わりの度合いにより類型が異なるが、民間発意になるほどある特定の活動を強化する指向性を持つ一方、公共の関わりが強くなるほど、様々な活動を満遍なく行う指向が高まり、逆にエリアマネジメント団体の特色が薄まってしまう。読者らが求めているエリアマネジメントは、どういう指向性を持つものなのか。本章がその判断に少しでも役立つものになれば幸いである。

　また、エリアマネジメントの類型において、全ての都市特性区分で効果があるものはなく、都市の人口規模・人口動態に応じて効果のあるエリアマネジメントの態

様は大きく異なることを認識する必要がある。やはり、大規模都市と成長・現状維持都市では、全てのエリアマネジメントの目的が有効に機能していることが分かった。すなわち、良好なまちなみや景観の形成、防災・防犯・安全、ネットワークの形成といった、必ずしも経済効果を目的としていない活動もまちへの経済的な効果につながることが見えてきた。

　更に、都市規模の大きい都市だけではなく、小規模都市や衰退都市にも効果のあるエリアマネジメントがあることも、全国95％以上が地方都市である点からも重要視すべきポイントである。小規模都市は賑わい集客イベントが、衰退都市は空地活用や空き家のリノベーション活動が有効である。特に衰退都市では、リノベーション活動が長期的に良い街並み景観形成につながり、まち全体の価値を向上させる。加えて、地域に住む高齢者を対象とする防災及び福祉関連活動も地価への良好な影響につながることは、今後過疎地域でエリアマネジメントを考える際に有意すべきポイントであろう。

　「行政関与・まちのルール策定型」と「民間主導・公共施設利活用中心型」に関しては地価に対する効果はあまり見られなかったが、この分析はあくまで「地価」という限定的な効果を基に整理したものである。目に見える効果だけではなく、例えば地域住民間ネットワークの拡大や地域コミュニティの醸成、地域の幸福度の増加など、目に見えない効果も沢山あり、むしろ重視すべきであるとも思われる。こういったものをいかに具体的に評価し、次のエリアマネジメントに展開させていくのかが今後の大きな課題である。

（執筆：宋俊煥）

参考文献
1）宋俊煥・泉山塁威・御手洗潤（2016）「組織・活動特性から見た我が国のエリアマネジメント団体の類型と傾向分析」『都市計画論文集』51巻3号、pp.269-276、日本都市計画学会
2）平山一樹・御手洗潤（2016）「エリアマネジメントが地価にもたらす影響のメカニズムの分析」『都市計画論文集』51巻3号、pp.474-480、日本都市計画学会
3）宮崎薫・御手洗潤・宋俊煥（2019）「都市の人口規模と人口動態によるエリアマネジメントの効果とその態様による差異の分析」『都市計画論文集』54巻1号、pp.30-40、日本都市計画学会

エリアマネジメント団体で働く事務局人材

Issue　財源と人材をどうするか？

　各地で様々なエリアマネジメント事業が展開される中、財源と人材の確保は、常に課題として挙げられてきた。「全国エリアマネジメントネットワーク」に入会している 33 のエリアマネジメント団体を対象とした調査では、財源面での最も大きな課題として、人材雇用のための財源不足（87 ％）が挙げられている。また、人材面においては、活動を支える人材がいないこと（70 ％）も勿論だが、出向元の異動による担当者の交代（63 ％）も主な課題として挙げられている。[※1]

　また、エリアマネジメント団体との関わりが深い制度の 1 つとして、2011 年の都市再生特別措置法改正により創設した「都市再生推進法人」という制度がある。都市再生推進法人とは、「行政の補完的機能」と共に、「まちづくりのコーディネーター及びまちづくり活動の推進主体としての役割」が期待されている。また、公共空間の利活用に関しても、都市空間の再編につながる様々な社会実験が展開されている。それらの点において都市計画及び都市デザイン人材の存在は益々重要になっている。

　以上の観点から、私たちエリアマネジメント人材育成研究会は、財源不足を前提としながら、どのように雇用形態を調整し、他団体からの出向などにより、エリアマネジメント団体に必要な人材を調達し活動を行っているのか実態調査を行った。

Research　エリアマネジメント団体で働く人材の雇用形態と事業連携の整理

　エリアマネジメント団体で働く事務局人材の雇用形態は以下のように整理できる。

　まず、自団体による雇用なのか、あるいは他団体からの出向なのか。

　そして、自団体による雇用とは、自団体で直接雇用されている人材で、その中には、正社員・契約社員・業務委託・アルバイト・無給がある。

　一方、他団体からの出向には、出向元として、民間会社・自治体・自治体以外の

公的機関・その他（NPO など）が考えられる。

　また、その出向した人材は、派遣（民間会社などの派遣元の団体と雇用契約を結び、実際の業務は派遣先のエリアマネジメント団体で行う）なのか、兼業（雇用契約を結んでいる団体で仕事を行いながら、出向先のエリアマネジメント団体でも仕事を行う）なのかにより整理できるだろう。

　さらに、常勤（エリアマネジメント団体の所要労働時間を通して勤務する職員）なのか、非常勤（エリアマネジメント団体の所要労働時間のうち一部の時間のみ勤務する職員）なのかという点でも整理できる。以上の整理を図3・1に示す。

　エリアマネジメント活動は多様であり、自団体の人材だけで事業を行うことが難しいなどの理由から、他団体と連携して事業を行うことが少なくない。連携の方法としては、他団体に業務を発注し資金のやり取りを行う場合（以下、外注）もあれば、公共性が高く、資金のやり取りを行わない、いわゆるボランティア的な場合（以下、ボランティア活動）もある。こうした連携状況は、エリアマネジメント団体で働く人材の特性にも大きく影響すると考えられる。他団体との事業連携について整理したものを図3・2に示す。

　上述したエリアマネジメント団体における働く人材の雇用形態によってエリアマ

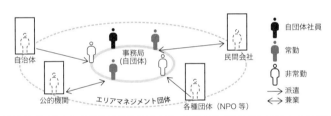

〈1〉自団体	自団体が直接雇用し、活動を行っている人材
〈2〉民間会社	自団体ではなく、民間会社の①常勤職員又は②非常勤職員が、A. 派遣又は B. 兼業により活動を行っている人材
〈3〉自治体	自団体ではなく、自治体の①常勤職員又は②非常勤職員が、A. 派遣又は B. 兼業により活動を行っている人材
〈4〉自治体以外の公的機関	自団体や自治体以外の公的機関の①常勤職員又は②非常勤職員が、A. 派遣又は B. 兼業により活動を行っている人材
〈5〉その他団体（NPO 等）	上記以外の NPO 等を含めた各種団体の①常勤職員又は②非常勤職員が、A. 派遣又は B. 兼業により活動を行っている人材

①常勤職員：団体の所定労働時間（例えば、週5日×8時間）を通じて勤務する職員
②非常勤職員：団体の所定労働時間のうち一部（例えば、週3日×8時間）を勤務する職員
A.派遣：派遣元の団体（民間会社等）と雇用契約を結び、実際の業務は派遣先のエリマネ団体で行う
B.兼業：雇用契約を結んだ団体（民間会社等）の本業のほかに、エリマネ団体の事業・仕事を兼ね行う

図3・1　働く人材の雇用形態による整理

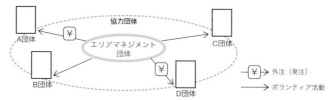

〈1〉外注（発注）	エリマネ活動や事業を実施するに当たって、エリマネ団体から資金のやり取りを行う場合
〈2〉ボランティア活動	エリマネ活動や事業を実施するに当たって、エリマネ団体から直接的資金のやり取りを行わない場合

図3・2　他団体との事業連携の整理

ネジメント団体を分類し、分類ごとの人材特性と活動特性の傾向を明らかにすることを試みた。そのために、私たちエリアマネジメント人材育成研究会が運営するウェブサイトに登録して頂いた 55 のエリアマネジメント団体を対象にアンケート調査を実施し、回答を得られた 36 団体を対象に分析・考察を行った。[文2)]

自団体で雇用する人材および事業連携の特性

　自団体による雇用は、アルバイトが 53 人で最も多く、次に正社員 39 人、無給 33 人、契約社員 18 人、業務委託 10 人の順であり、無給で働いている人も多いことが分かる。札幌駅前通まちづくり株式会社（10 人以上）やまちづくり福井株式会社（5 人）は正社員が多い団体で、株式会社という法人格でありながら年間予算規模も他と比べ大きいことが特徴である（表3・1）。

　正社員の専門分野をみると、会計・事務が多い。会計・事務の専門性を持つ人材が多い団体は、公共施設・公共空間の整備管理を外注している団体が多いことから、施設の管理・会計業務に関わる活動をするのに必要な人材であることが分かる。

　契約社員でも正社員と同じく会計・事務が多く、次にデザイン（Web など）が多い。一方で、業務委託では、10 人のうち 4 人が都市計画・都市デザインを専門分野としていることから、期間限定のプロジェクト単位で、都市計画・都市デザイン分野の人材が多く雇用されていることが読み取れる。

　自団体でアルバイトとして雇用されている人材の専門分野は、接客・サービスが 18 人（34.0 %）と最も多い。接客・サービス分野の人材を有する団体は、外注によってイベント活動を活発に実施している。すなわち、接客・サービス分野の人材は、賑わい創出のための活動に適した人材である。さらに、子ども食堂など教育・福祉に関する活動にも向いている。

　建築設計及び都市計画分野の人材は、業務委託が多く、空き家・空き地の暫定利

雇用形態 \ 専門分野		建築設計・建築計画	都市計画・都市デザイン	経済・経営・マーケティング	地域メディア関係	デザイン（Web等）	不動産	教育	接客・サービス	会計・事務	医療・福祉	その他
正　社　員	39人	1	3	1	2	1	0	1	3	9	0	18
		2.6 %	7.7 %	2.6 %	5.1 %	2.6 %	0.0 %	2.6 %	7.7 %	23.1 %	0.0 %	46.2 %
契　約　社　員	18人	0	1	1	0	2	0	1	0	4	1	8
		0.0 %	5.6 %	5.6 %	0.0 %	11.1 %	0.0 %	5.6 %	0.0 %	22.2 %	5.6 %	44.4 %
業　務　委　託	10人	0	4	0	0	1	0	0	0	2	0	3
		0.0 %	40.0 %	0.0 %	0.0 %	10.0 %	0.0 %	0.0 %	0.0 %	20.0 %	0.0 %	30.0 %
アルバイト	53人	4	4	0	1	0	0	4	18	7	1	14
		7.5 %	7.5 %	0.0 %	1.9 %	0.0 %	0.0 %	7.5 %	34.0 %	13.2 %	1.9 %	26.4 %
無　　　給	33人	0	1	5	1	2	3	2	2	0	0	19
		0.0 %	3.0 %	15.2 %	3.0 %	6.1 %	9.1 %	6.1 %	6.1 %	0.0 %	0.0 %	57.6 %
自団体の全体	153人	5	13	7	4	6	3	8	23	22	2	62
		3.3 %	8.5%	4.6 %	2.6 %	3.9 %	2.0 %	5.2 %	15.0 %	14.4 %	1.3 %	40.5 %

表 3・1　働く人材における自団体による雇用形態別専門分野

用などの民間施設の利活用又は、まちづくりルール策定といった活動に深く関わっている一方、他団体との連携はボランティア活動が多い。すなわち、エリアマネジメント団体によって毎年更新する事業ベースで雇用されている傾向があり、安定的に雇用されていない。

他団体からの出向による人材の特性

　他団体から出向している人材の出向元は、民間会社が17団体と最も多く、続いて自治体6団体、公的機関4団体、NPO法人3団体である。残りの6団体は自団体で雇用している人材のみで事務局を運営している。

　出向元別に勤務形態をまとめたのが表3・2、専門分野をまとめたのが表3・3である。民間会社から出向している126人のうち、各出向元会社の常勤職員が77人（61.1 %）で最も多く、エリアマネジメント団体の事務局を兼業している。また、非常勤・兼業が31人（24.6 %）、常勤・派遣が16人（12.7 %）である。専門分野については、不動産が53人（42.1 %）と最も多く、近年の民間開発事業者を中心とするエリアマネジメント活動の増加傾向と関連していると考えられる。次に多かったのは経済・経営・マーケティングの11人（8.7 %）であり、その次が都市計画・都市デザインの9人（7.1 %）である。

　最も多かった不動産人材を有する団体は9団体あり、その9団体は正社員を1人も雇用していない。また、これらの団体はまちづくりルールなどの策定から、イベント、情報発信、防災・防犯・環境維持まで、様々な活動を活発に行っているが、

勤務形態 / 出向先		常勤職員・派遣	常勤職員・兼業	非常勤職員・派遣	非常勤職員・兼業
民　間　会　社	126人	16	77	2	31
		12.7 %	61.1 %	1.6 %	24.6 %
自　治　体	16人	5	7	0	4
		31.3 %	43.8 %	0.0 %	25.0 %
公　的　機　関	17人	4	13	0	0
		23.5 %	76.5 %	0.0 %	0.0 %
Ｎ　Ｐ　Ｏ　等	4人	0	0	0	4
		0.0 %	0.0 %	0.0 %	100 %
他団体の出向全体	163人	25	97	2	39
		15.3 %	59.5 %	1.2 %	23.9 %

表 3・2　働く人材の出向元別勤務形態

専門分野 / 出向先		建築計画・建築設計	都市計画・都市デザイン	経済・経営・マーケティング	地域メディア関係	デザイン（Web等）	不動産	教育	接客・サービス	会計・事務	医療・福祉	その他
民　間　会　社	126人	2	9	11	0	2	53	0	8	7	1	33
		1.6 %	7.1 %	8.7 %	0.0 %	1.6 %	42.1 %	0.0 %	6.3 %	5.6 %	0.8 %	26.2 %
自　治　体	16人	1	4	0	0	0	0	0	0	3	0	8
		6.3 %	25.0 %	0.0 %	0.0 %	0.0 %	0.0 %	0.0 %	0.0 %	18.8 %	0.0 %	50.0 %
公　的　機　関	17人	1	9	3	0	0	0	0	0	2	0	2
		5.9 %	52.9 %	17.6 %	0.0 %	0.0 %	0.0 %	0.0 %	0.0 %	11.8 %	0.0 %	11.8 %
Ｎ　Ｐ　Ｏ　等	4人	0	2	0	0	1	0	0	0	0	0	1
		0.0%	50.0 %	0.0 %	0.0 %	25.0 %	0.0 %	0.0 %	0.0 %	0.0 %	0.0 %	25.0 %
他団体の出向全体	163人	4	24	14	0	3	53	0	8	12	1	44
		2.5 %	14.7 %	8.6 %	0.0 %	1.8 %	32.5 %	0.0 %	4.9 %	7.4 %	0.6 %	27.0 %

表 3・3　働く人材における出向元別専門分野

　ボランティア活動による他団体連携はほとんどなく、外注による活動が主である。不動産人材はエリアマネジメント活動を実施する上で必要とする他団体との連携（外注）のための管理・運営を主な業務として実施していると考える。
　民間会社以外の自治体・公的機関・NPO などからの出向についてはどのような特徴があるのか。自治体から出向している人材の専門分野は、都市計画・都市デザインが4人（25.0 %）と多く、続いて会計・事務が3人（18.8 %）、建築計画・建築設計が1人（6.3 %）の順である。自治体以外の公的機関では、自治体と同じく都市計画・都市デザインが9人（52.9 %）で最も多く、次に経済・経営・マーケティングの3人（17.6 %）が多い。最後に、NPO などでは、都市計画・都市デザインが2人、デザイン（Web など）が1人となっている。このように、自治体・公的機関・NPO などから出向する37人のうち、15人（40.5 %）が都市計画・都

市デザインを専門にしており、民間会社以外の機関からの出向では、都市計画・都市デザインの専門分野の人材が非常に多いことが分かる。このことは、自団体雇用の業務委託による人材で、都市計画・都市デザインの専門分野が多いことと類似する傾向がある。

エリアマネジメント団体の雇用形態によるパターン分類

これまで述べてきた通り、エリアマネジメント団体で働く人材の雇用形態には、自団体による雇用と他団体からの出向があり、それらの雇用形態により専門分野が異なることが分かる。自団体による雇用では、正社員から無給まで、それぞれの専門分野が異なるが、自団体で正社員を有することは、長期的に安定した活動基盤があることを意味し、期限付きで活動に関わる人材（契約社員・業務委託・アルバイトなど）による運営とは異なる。また、自団体による雇用のみで運営する場合と他団体からの出向（派遣・兼業）を受け入れて運営する場合では、エリアマネジメント活動の連携範囲が広がるため事業内容が異なると予想される。そこで、①自団体の雇用スタッフの有無、②自団体の正社員の有無、③他団体からの出向（派遣・兼業）の有無の3つの判断基準により、エリアマネジメント団体を5つのパターンに整理し（図3・3）、パターンごとの特徴をみていく（表3・4）。

・パターンA：自団体正社員中心型（6団体）

他団体からの出向はなく、自団体で雇用している正社員（契約社員・業務委託など有）を中心に事務局を運営しているパターンである。他のパターンと比べ、1団体当たりの正社員（3.83人（パターン内平均数）、以下同様）が最も多く、アルバイト（2.50人）も比較的多い。専門分野は、接客・サービスが多く、デザイン（Webなど）も平均より多い。他団体との事業連携は、外注による民間施設の利活用が全体平均よりやや多く、また、ボランティア活動によるまちづくりルールなどの策定、イベント・アクティビティ、情報発信、防災・防犯・環境維持も平均より多い。

・パターンB：自団体正社員＋他団体出向型（6団体）

自団体で雇用している正社員（契約社員・業務委託など有）と、他団体からの出向による人材が共同で事務局を運営しているパターンである。パターンⅠと同じく正社員（2.67人）が多く、他団体からの出向では3.67人が運営に関わっている。専門分野は、会計・事務が非常に多く、接客・サービスもやや多い。事業連携では、外注による全ての事業において平均より高く、最も外注による活動が活発であるといえる。特に、公共施設・公共空間の整備及び管理と民間施設の利活用が全てのパ

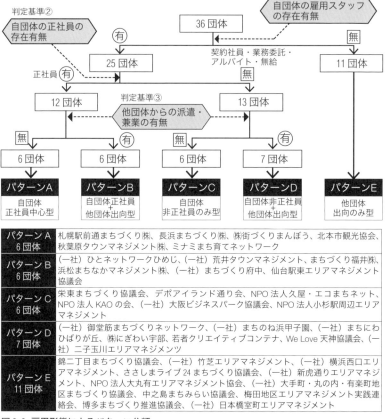

判定基準②
自団体の正社員の
存在有無

判定基準①
自団体の雇用スタッフ
の存在有無

36 団体

(有)　25 団体　(無)
契約社員・業務委託・
アルバイト・無給

(無)　11 団体

正社員(有)　12 団体
判定基準③
他団体からの派遣・
兼業の有無
13 団体

(無) 6 団体　(有) 6 団体　(無) 6 団体　(有) 7 団体

パターンA	パターンB	パターンC	パターンD	パターンE
自団体 正社員中心型	自団体正社員 ＋ 他団体出向型	自団体 非正社員のみ型	自団体非正社員 ＋ 他団体出向型	他団体 出向のみ型

パターンA 6団体	札幌駅前通まちづくり㈱、長浜まちづくり㈱、㈱街づくりまんぼう、北本市観光協会、秋葉原タウンマネジメント㈱、ミナミまち育てネットワーク
パターンB 6団体	(一社) ひとネットワークひめじ、(一社) 荒井タウンマネジメント、まちづくり福井㈱、浜松まちなかマネジメント㈱、(一社) まちづくり府中、仙台駅東エリアマネジメント協議会
パターンC 6団体	栄東まちづくり協議会、デポアイランド通り会、NPO 法人久屋・エコまちネット、NPO 法人 KAO の会、(一社) 大阪ビジネスパーク協議会、NPO 法人小杉駅周辺エリアマネジメント
パターンD 7団体	(一社) 御堂筋まちづくりネットワーク、(一社) まちのね浜甲子園、(一社) まちにわひばりが丘、㈱にぎわい宇部、若者クリエイティブコンテナ、We Love 天神協議会、(一社) 二子玉川エリアマネジメンツ
パターンE 11団体	錦二丁目まちづくり協議会、(一社) 竹芝エリアマネジメント、(一社) 横浜西口エリアマネジメント、ささしまライブ24まちづくり協議会、(一社) 新虎通りエリアマネジメント、NPO 法人大丸有エリアマネジメント協会、(一社) 大手町・丸の内・有楽町地区まちづくり協議会、中之島まちみらい協議会、梅田地区エリアマネジメント実践連絡会、博多まちづくり推進協議会、(一社) 日本橋室町エリアマネジメント

図 3-3 雇用形態によるパターン分類

ターンの中で最も多く、上記の自団体の特徴で示した会計・事務人材の多い団体と活動傾向が類似している。一方、ボランティア活動では、他団体との事業連携がほとんどみられない。

・パターンC：自団体非正社員のみ型（6団体）

自団体で正社員を雇用しておらず、非正社員（契約社員・業務委託・アルバイト・無給）のみで事務局を運営しているパターンである。契約社員（1.67 人）と無給（5.50 人）が多いことが特徴である。人材の専門分野は様々であるが、教育と経済・経営が他のパターンと比べ最も多い。事業連携について、外注は教育・福祉に関する活動以外の全てにおいて平均より少なく、またボランティア活動も同じく全般的に少ないが、公共施設・公共空間の整備及び管理のみやや多い。

192　2部　エリアマネジメントのすすめかた

区分		パターンA	パターンB	パターンC	パターンD	パターンE
		自団体 正社員中心型	自団体正社員 ＋ 他団体出向型	自団体 非正社員のみ型	自団体非正社員 ＋ 他団体出向型	他団体 出向のみ型
事務局の構成	自団体 正社員	3.83 人	2.67 人	0 人	0 人	0 人
	契約社員	0.67 人	0.17 人	1.67 人	0.43 人	0 人
	業務委託	0.17 人	0.17 人	0.33 人	0.86 人	0 人
	アルバイト	2.50 人	1.83 人	1.17 人	2.86 人	0 人
	無給	0 人	0 人	5.50 人	0 人	0 人
	他団体の出向	0 人	3.67 人	0 人	4.71 人	10.27 人
主に働く人材		正社員	正社員＋他団体	非正社員	非正社員＋ 他団体	他団体
主な専門分野		接客・サービス Web 等デザイン	会計・事務 接客・サービス	教育 経済・経営・ マーケティング	建築計画・設計 都市計画・ 都市デザイン	不動産 都市計画・ 都市デザイン
年齢		2 ～ 30 代多い	40 代多い	ー（※特徴無）	30 代やや多い	40 代多い
出身地		都道府県内多い	都道府県内多い	ー	ー	都道府県外多い
学歴		高卒・専門学校・ 短大卒多い	大学卒多い	ー	ー	大学卒・ 大学院修了多い
勤務年数		比較的長い	比較的長い	ー	比較的短い	比較的短い
主な地区特性		商業中心	商業中心	ー	住宅中心	業務中心
主な法人格		株式会社	一般社団法人	NPO 法人	一般社団法人	一社／任意団体
予算規模		やや大きい	比較的大きい	ー	ー	ー
設立から期間		比較的長い	やや長い	ー	比較的短い	ー
差別できる エリマネ目的		・不動産等の資産価値の向上 ・売上／雇用等地域経済活性化 ・定住人口向上	・不動産等の資産価値の向上 ・売上／雇用等地域経済活性化	・子育て支援の強化 ・高齢者等のコミュニティネットワーク強化	・子育て支援の強化 ・住民等意識の向上、相互理解ネットワーク形成	・公共空間等都市環境の高質化 ・防災防犯安全 ・公共交通の利便性向上
エリマネ活動 制度活用		多様	多様	少ない	少ない	主に都市再生 推進法人
活用空間		多様 公共／民間施設	多様 公共／民間施設	道路／公園	公園／空地	道路／公開空地 屋外空間
公共空間活用制度		少ない	多様	少ない	少ない	多様
収益事業		少ない	多く実施	少ない	少ない	多く実施
他団体との連携事業の主 外注		民間施設利活用	多様 主に公共施設の整備管理	教育／福祉関連 活動	民間施設利活用 情報発信	多様 主にイベント アクティビティ
ボランティア 活動		多様	少ない	防災／防犯／ 環境維持	やや多い 教育／福祉活動	少ない

表3・4　各パターンの主な特徴のまとめ

・パターンD：自団体非正社員＋他団体出向型（7団体）

　自団体の雇用による非正社員と、他団体からの出向による人材が共同で事務局を運営しているパターンである。自団体のアルバイト（2.86 人）が多く、他団体からの出向では 4.71 人が運営に関わっている。専門分野は、建築設計及び都市デザイン関連人材が多く、Web などデザインもやや多い。これらの人材の活動特性は、外注による事業連携は全て平均より少ないものの、ボランティア活動による空き家

などの民間施設の利活用や情報発信などの連携活動が多く行われていることと関係すると考えられる。

・パターンE：他団体出向のみ型（11団体）

　自団体ではスタッフを雇用しておらず、他団体からの出向人材だけで事務局を運営しているパターンである。他団体から10.27人が出向されており、その人材の専門分野は不動産（4.18人）が圧倒的に多く、都市計画・都市デザイン（1.18人）もやや多い。外注による連携事業は、まちづくりルール策定、イベント・アクティビティ、情報発信、防災・防犯・環境維持など、他のパターンと比べ活発に行われている。一方で、ボランティア活動による事業連携は、防災・防犯・環境維持以外は少ない。

パターン別の傾向からみたエリアマネジメントの特徴

　上記のパターン分類をもとに、活動エリアの地区特性や組織・活動・公共空間利活用の特性、さらには働く人材の年代・出身地・学歴・勤務年数などを照らし合わせて比較しながらパターン別にどのような強み・弱みがあるのか、どのようなエリアと活動の関係性があるかを分析・整理してみる。

(1) 地区特性による事務局構成

　自団体正社員中心又は、それに他団体からの出向者を加えた型（パターンAとB）は、商業を中心とした業務や住宅といった複合エリアが多い。自団体非正社員中心に他団体からの出向者を加えた型（パターンD）は、ニュータウン事業が多く夜間人口の割合が高い住宅エリアの特徴を持つ。また、他団体からの出向者だけで事務局を運営している型（パターンE）は、全ての団体が、昼間人口が多く都心部の大規模跡地などの民間事業が行われていることから、業務中心エリアである。

　正社員の確保の観点からは、やはりパターンAとBのように商業エリアの方が雇用しやすく、一方でパターンDのような住宅エリアでは他団体からの出向による運営が多いことが確認できる。開発デベロッパーが多く属しているパターンEは、都心部の大規模開発を基に行われているエリアマネジメントが特徴である。

(2) 組織の設立時期・法人格・予算規模

　正社員の多い組織は、組織の設立から5年以上経過している団体がほとんどであり、比較的長く運営している傾向がみられるが、商業エリアの地区特性が安定した収入にも影響を与えていると推測できる。一方で、非正社員で構成されている組織は、組織設立からあまり経過していない傾向があり、住宅エリアの地区特性と関係している可能性がある。

また、長期間活動している組織は、株式会社が多く、一方、自団体でスタッフを雇用していない組織は、一般社団法人や任意団体が多い。さらに、自団体で正社員を雇用している組織は年間予算規模が大きい傾向があり、一方で正社員を雇用していない組織は予算規模が小さい。

⑶ エリアマネジメントの活動目的

　調査した全ての団体において賑わいや集客の向上を重点的な活動目的としながら、パターン別に異なる特徴がみられる。自団体で正社員を雇用している組織は、不動産などの資産価値の向上や売上・雇用などの地域経済の活性化といった経済的視点に基づく目的に重点を置いていることが特徴であり、商業機能の強いエリアで活動していることと関係している。一方で、非正社員が中心に運営する組織は、子育て支援の強化や高齢者のコミュニティネットワークといった地域の教育・福祉・コミュニティ形成を重視している傾向が見られた。その中、住宅エリアで活動する組織では、住民などの意識向上、相互理解、ネットワーク強化といったコミュニティづくりに重点を置いている。他団体からの出向者のみで運営している団体は、公共空間などの都市環境の高質化に重点を置きつつ、防災・防犯・安全の充実化や公共交通アクセス・利便性の向上も重要視しており、不動産デベロッパーが指向するエリアマネジメント活動の目的が読み取れる。

⑷ エリアマネジメント活動に関する制度の活用

　正社員を雇用している組織では、「民間まちづくり活動促進事業」や「指定管理者制度」「都市再生推進法人」など比較的多様な制度を活用している一方、非正社員が運営する組織では、制度を活用していない団体がほとんどであった。また、出向者のみの組織は「都市再生推進法人」を活用している団体がわずかにあるが、それ以外の制度はほとんど活用していない。そもそも、特に活用していないと回答した団体が全体の約半数であり、更なるエリアマネジメント活動の発展のためには、安定的な組織以外でも多方面で活用できる制度の開発や運用も必要であると考える。

⑸ 空間活用と収益事業

　正社員を雇用する組織の活用空間は様々であり、特に駅前広場、文化施設・図書館などの公共施設や空き家・空き店舗・商業施設などの民間施設の活用が多い。非正社員が運営する組織では、道路と公園、空地の活用が多くみられ、施設より屋外空間の活用が比較的多い。これは非正社員の中に接客・サービス分野の人材が多く、そういった人材は屋外空間を活用したイベント活動と親和性が高いことと関係していると考えられる。出向者のみの組織は、各種屋外空間を最も積極的に活用してい

るが、特に公開空地が多いことが特徴である。一方でその中には、公共施設や民間施設など建築物を活用している団体はなかった。

　公共空間などの活用制度に関しても、やはり正社員中心の組織が積極的に活用しており、その中でも他団体からの出向を加えた組織が、「道路占用許可の特例」を多く活用している。一方で、出向からの人材のみでかつ、不動産デベロッパーが中心となっている組織は「国家戦略道路占用事業」を多く活用している。このように他団体からの出向が多い組織では、比較的に道路・公開空地などの空間を活用した収益事業を多く実施している傾向が見られる。

⑹ 働く人材の属性（年代・出身地・学歴・勤務年数）

　先に述べた通り、公共空間の活用やそれに関する制度の活用は、他団体からの出向者のいる組織が比較的積極的であった。商業エリアで活動している組織の活動目的は「地域経済の活性化」で、一方で不動産デベロッパー中心の組織は「公共空間・都市環境の高質化」であるため両パターンは異なるが、40代や大学卒以上の経験や知識が豊富だと期待される人材が多いこと、ボランティア活動と比較し外注による多様な事業連携を行っていることが共通の特徴である。前者では、公共施設の整備・管理やイベントなどを含めた公共空間の利活用のために会計・事務や接客・サービス人材が多く働いている一方、後者は不動産や都市計画・都市デザイン人材が中心となり、まちづくりルール策定や公共空間の利活用のための活動を中心に様々な活動を展開している。

　正社員中心の組織は、上記のように商業エリアをベースにしている事例が多いが、活動エリアと同じ都道府県内出身者が多く働いており、特に若い年代や接客・サービス分野の人材が多い。また、予算規模は比較的大きく、自団体で正社員を雇用し事務局を運営している点、多様なエリアマネジメント活動関連制度を活用している点が共通の特徴である。一方、正社員中心の組織の中でも他団体からの出向者がいない組織は、やはり、他団体との事業連携も少なく、外注よりはボランティア活動が多いのに対し、出向者のいる組織は、他団体との事業連携を積極的に行っている。

　正社員がいないかつ、他団体からの出向者で構成されている組織は、勤務年数が比較的短い。これらの組織には、空き家などの民間施設のリノベーション事業やまちづくりルール策定などの短期間プロジェクトの業務委託が多く、建築及び都市計画関連人材が多く働いている。エリアマネジメントにおいて建築・都市計画的視点が重要であるなかで、如何に安定的雇用の場を確保し、新卒などの若者にも魅力を感じれるような職場にしていくかが今後の大きな課題と考える。

Strategy　今後のエリアマネジメントにおける人材をどうするか？

　上記の調査結果を踏まえると、エリアマネジメント団体の人材が抱える課題、そして今後の戦略として以下のようなことが考えられる。

課題 1：安定的雇用の不安定さ

　調査の結果、自団体で正社員を雇用しているのはおよそ 3 分の 1 であった。必ずしも正社員が必要ではないが、こうした団体では、勤務年数 5 年以上の安定的な雇用が実現しており、2 〜 3 年を見据えた上で様々な事業や活動を提案・展開することができ、更なるエリアマネジメントの発展につながる。一方で、給与を得ながら継続的に 5 年以上同じ団体で働くケースが少ないという事実もある。こうした問題はエリアマネジメントに限らないが、これからエリアマネジネントの仕事をしたいと考えている若者にとって果たして魅力的な職場と言えるだろうか。

　正社員を雇用している団体に共通する特徴は、公共施設・公共空間などの指定管理活動を多く実施していることであった。エリアマネジメント団体において指定管理者制度などの事業収入は、安定的な人材雇用の 1 つの手段であり、公共施設・公共空間を管理するための指定管理者制度がエリアマネジメント活動を安定的に持続させるのに大きな役割を担っている。すなわち、エリアマネジメントの本来の目的である行政の役割の一部を民間に委ねることが、エリアマネジメント組織を成り立たせる大きな財源につながっていることは間違いない。今後、行政のバックアップがエリアマネジメント活動の展開に重要なポイントとなるだろう。

課題 2：建築・都市計画人材の不安定な雇用実態

　建築及び都市計画を専門とする人材は、主に業務委託というかたちで、短期間のプロジェクト単位で雇用されている。また、他団体から出向する場合は、民間会社からではなく自治体などの公的機関からの派遣が多い。すなわち、建築及び都市計画分野の人材が得意とする空き家などのリノベーション事業やマスタープラン策定などは、エリアマネジメント活動の中で優先順位が低く、こうした分野の人材を雇用するための安定的財源が十分に確保できていないこともうかがえる。

戦略 1：活動に応じた専門分野を持つ人材を雇用する

　調査結果から雇用実態の不安定さという課題が浮き彫りになったが、一方で、ある専門分野と活動との親和性が見えてきた。例えば、公共施設・公共空間の指定管理活動は安定的な雇用につながるが、会計・事務という専門分野の人材との親和性

が高い。また、マルシェなどの各種イベント活動は接客・サービス分野と、マスタープランの策定は都市計画・都市デザイン分野と、空き家などの民間施設利活用は建築計画・建築設計分野と、情報発信活動はデザイン（Webなど）分野といった、それぞれ親和性の高い専門分野と活動が把握できた。活動内容に応じて必要な専門人材を雇用することは事業を円滑に進めていく上で有効な方策である。今後、エリアマネジメント事業を検討する際には本調査結果を参考とされたい。

戦略2：他団体からの出向による組織構成の可能性

　エリアマネジメント団体の活動内容の多様さは、自団体で正社員を雇用しているかどうかに関わらず、他団体からの出向人材の有無により大きく変わることが明らかとなった。例えば、民間デベロッパーを中心としたエリアマネジメント団体は、正社員を雇用しておらず、ほぼ全員が出向である。それらの団体は、公開空地などの公共空間の利活用を行っているだけでなく、他団体と連携することで様々な活動を展開している。すなわち、不動産分野の人材が、全ての活動に直接プレイヤーとして関わるのではなく、他の専門性を持つ人とコラボレーションすることで活動に広がりが生まれ、さらに収益事業を行うことで各種財源を確保している。また、自団体で雇用する正社員と他団体からの出向で組織を構成している団体は、他団体との様々な連携が生まれやすく、また収益事業も多く行われている傾向もみられた。すなわち、安定したエリアマネジメント活動のための正社員確保も重要であるが、如何に多様な団体と連携し、活動を展開するかも重要なポイントである。

（執筆：宋俊煥・籔谷祐介）

参考文献
1)　丹羽由佳理・園田康貴・御手洗潤・保井美樹・長谷川隆三・小林重敬（2017）「エリアマネジメント組織の団体属性と課題に関する考察──全国エリアマネジメントネットワークの会員アンケート調査に基づいて──」『日本都市計画学会 都市計画論文集』第52巻、第3号、pp.508-513
2)　宋俊煥・籔谷祐介・泉山塁威・保井美樹（2020）「エリアマネジメント団体の雇用形態からみた事務局人材と活動特性の傾向分析」『日本都市計画学会 都市計画論文集』第55巻、第3号、pp.821-828

2-4 エリアマネジメントを担う人材の育成

Issue 人材育成をどうするか？

　エリアマネジメントを担うのは誰か。最も中心的な役割を担うのはエリアマネジメント団体と呼ばれる組織である。本稿では主にマネジメントを担う人材育成に焦点を当てる。

　エリアマネジメント団体の組織形態は、株式会社、一般社団法人、NPO、任意団体と多岐にわたる。構成員も団体の正社員、他組織からの出向、地権者、行政職員、住民と様々であるが、多くの現場で共通して挙げられる課題が「人材不足」である。

　エリアマネジメント人材が不足する背景にはいくつか考えられる。そもそもエリアマネジメントという手法自体が知られていない。職業として確立されていない。若者に魅力的な職業として伝わっていない。稼げない（稼ぎ方が分からない）。人材育成の方法論が確立されていない。どういう人材が必要か明確になっていない。では、実際にエリアマネジメントの現場ではどういった人材が求められているのだろうか。あるいは人材を育成するためにはどうしたら良いのだろうか。

　私たちエリアマネジメント人材育成研究会（以下、研究会）では、そうした現場課題に立ち向かうべく、エリアマネジメント人材の育成手法開発に向けた議論と実践、それから調査研究を行ってきた。活動はまだ途上ではあるが、本稿ではこれまでの活動で得られた知見を紹介するとともに、これからのエリアマネジメント人材の育成方法について考えるための論点を整理したい。

Research エリアマネジメントに求められる人材像

　研究会では、これまでにセミナー研修を企画・開催し、エリアマネジメントの人材育成に関するワークショップやアンケート調査を繰り返し行ってきた。2017年に開催した第1回研修会「エリアマネジメントに必要な人材像と育成」では、ワークショップの実施と同時に、参加者（エリアマネジメントに関心のある民間事業者など）にテーマに関する記述式のアンケートに回答してもらった（図4・1）。つづ

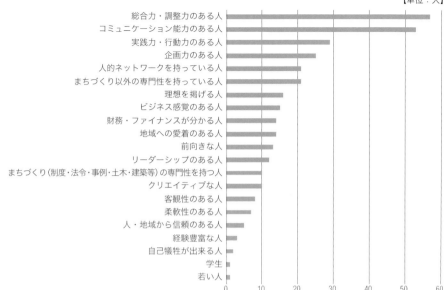

図4・1　エリアマネジメントに求められる人材像（第1回研修会のワークショップおよびアンケート結果）

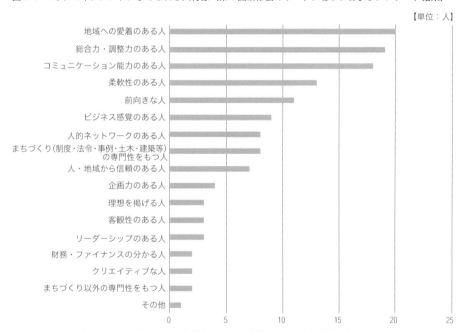

図4・2　エリアマネジメントに求められる人材像（第2回研修会のアンケート結果）

いて 2018 年には行政職員を対象に第 2 回研修会「行政が支えるエリアマネジメントとは」を開催、そこでも同様のアンケート（選択式）を実施した（図 4・2）。

　どちらにおいても求められているのは「総合力・調整力のある人」「コミュニケーション能力のある人」であったが、行政職員においては「地域への愛着のある人」と答えた割合が最も多かった。

　行政職員には地域への愛着が重要な要素と考えられている点は興味深い。行政職員の取り組みの姿勢は、現場のモチベーションや事業全体に大きな影響を与える。行政職員が地域に愛着を持ち、自分ごとのように熱心に取り組む姿勢は、地域の信頼を得ることにつながり、官民の良好な関係性を築くことにつながるだろう。

　ただし、地域への愛着が重要であるというのは行政職員に限らない。例えば、1部の事例編でご紹介した、自由が丘の伝道師として活躍するジェイ・スピリット（p.82）の中山雄次郎さんは「地域に根ざした仕事に就きたかった」と述べるように、地域を想う気持ちを活動の原動力としている。また、総合力・調整力・コミュニケーション能力は他のサラリーマンでも求められる能力だが、地域への愛着はエリアマネジメント特有のものだという意見が研究会で企画した勉強会で挙げられた。エリアマネジメントにおいて大切なのは、地域と本気で向き合っていく覚悟と強い想いであり、地域との信頼関係の構築が鍵となるのだろう。

　次に、実際に全国で活動するエリアマネジメント団体ではどのような人材が求められているのだろうか。図 4・3 は、前節のアンケート調査で対象とした 37 のエリアマネジメント団体に対して、「もう 1 名雇用できるとしたらどのような人材を雇用したいか」を尋ねたものである。最も多かったのは、「コミュニケーション能力のある人」であり、続いて「企画力のある人」「総合力・調整力のある人」であった。総合力・調整力・コミュニケーション能力については先ほどの結果と同様であるが、それらに加え、企画力のある人も求められている。また、次に多かったのは「人・地域から信頼のある人」であった。

　以前研究室の学生たちと一緒に、事例編で紹介した「株式会社街づくりまんぼう」（p.62）へ視察に伺い、街づくり事業部の苅谷智大さんに石巻のまちなかを案内して頂いたことがある。まちを歩いていると苅谷さんは会う人会う人に声をかけられ、まちに住む人はみんな知り合いであるかのようだった。やりとりからうかがえる関係は、長年苅谷さんがまちに築いてきたネットワークそのものであり、苅谷さんはまさに地域から信頼されるエリアマネージャーだった。こうした人物がエリアマネジメントには必要である。一緒に視察に行った学生たちからも「こういう人

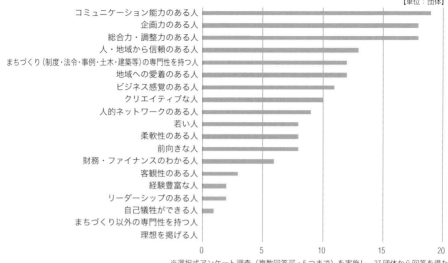

【単位：団体】

コミュニケーション能力のある人
企画力のある人
総合力・調整力のある人
人・地域から信頼のある人
まちづくり(制度・法令・事例・土木・建築等)の専門性を持つ人
地域への愛着のある人
ビジネス感覚のある人
クリエイティブな人
人的ネットワークのある人
若い人
柔軟性のある人
前向きな人
財務・ファイナンスのわかる人
客観性のある人
経験豊富な人
リーダーシップのある人
自己犠牲ができる人
まちづくり以外の専門性を持つ人
理想を掲げる人

0　　　　5　　　　10　　　　15　　　　20

※選択式アンケート調査（複数回答可・5つまで）を実施し、37団体から回答を得た

図 4・3　37のエリアマネジメント団体が雇用したいと考えている人材像

になりたい」「まちづくりを志す人の憧れる姿」という声が聞かれた。最前線で活躍する先達との関わりが、次世代の担い手を育てていくことにもつながると感じた視察となった。

　ただし、地域から信頼のある人材が求められている一方で、エリアマネジメント団体の事務局員を民間企業からの派遣で賄う団体は、企業の人事異動にともなう担当者の交代により、地域に根差した人材育成ができない課題を抱えている。これについては他団体からの出向に頼ることのない、十分な財源を確保しての自団体での人材雇用が必要である。アンケートの結果には「まちづくり（制度・法令・事例・土木・建築など）の専門性を持つ人」を求める声もあるが、一方で専門性の高い人材を雇用するための財源がないという課題も見られた。

　事例編で紹介したように、ひとネットワークひめじ（p. 91）の東郷剛宗さんは、人材育成におけるモチベーション維持の重要性と、そのための持続的事業による収益の必要性を指摘している。ひとネットワークひめじはある程度安定した組織運営が可能となっているが、財源が確保できないために人材が育たない、あるいは活躍の場が十分に確保されていない現状はまだまだ多いと考えられる。

能力を得るために必要な機会

　それでは、エリアマネジメントの能力を得るためにはどのような機会が必要であ

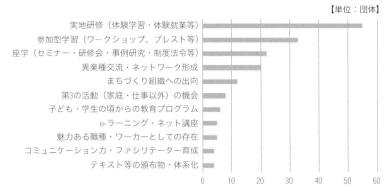

【単位：団体】

図 4・4 能力を得るために必要な機会

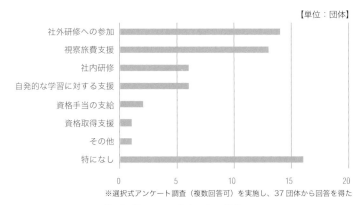

【単位：団体】

※選択式アンケート調査（複数回答可）を実施し、37 団体から回答を得た

図 4・5 37 のエリアマネジメント団体が提供している能力取得の機会

ろうか。同じく研修会で実施したアンケートの結果からは、実践と知識習得の両方の機会を効果的に提供することが求められているといえる（図 4・4）。そうした点で、研究会でこれまで実施してきたレクチャー（座学）とワークショップ（参加型学習）を組み合わせた人材育成プログラムは現場ニーズに適応しており、さらには異業種交流・ネットワーク形成の機会としても有効である。このプログラムについては後ほど紹介したい。

　次に、実際に全国で活動するエリアマネジメント団体が働く人材に対してどのような能力取得の機会を提供しているかを見ていきたい。図 4・5 は前節のアンケート調査の対象者に実施した調査結果である。「どのような能力取得の機会を提供しているか」という問いに対し、37 団体中「特になし」と回答した団体が最も多く、

人材育成の取り組みを行っていない団体が少なくない。次に多かったのは「社外研修への参加」、続いて「視察旅費支援」と、団体内で実施する社内研修のようなものに比べ、社外研修、他事例視察といった外部での学びの機会が多く提供されている。また、「特になし」と回答した団体の法人格は全て協議会、一般社団法人、NPOのうちのどれかであり、一方で株式会社に着目すると6団体全て何かの人材育成の取り組みを行っている。理由として株式会社と比較して安定的な財源が確保しにくい任意団体やNPOは、財源的な要因により人材育成の機会を十分に提供できていないことが考えられる。

　一方、住宅地を対象としたエリアマネジメントでは、参加する住民の育成やモチベーションの維持が課題として挙げられている。事例編で紹介したように、まちのね浜甲子園（p. 108）では、住民スタッフが活動に関わり続ける動機づけのために、それぞれの個性やノウハウを生かし、活動自体がその人の自己実現の場となるよう、事務局スタッフが個別面談を定期的に行い、住民スタッフが企画したプロジェクトを自らやり遂げられるようサポートしている。そうした取り組みよって、徐々に担い手が増えてきているという。こうした実践が、まちを支える人材のこの上ない育成機会であり、そのための環境や仕組みづくりが重要なのだろう。

テーマ設定型レクチャー＆ワークショップ

　続いて、実際の人材育成プログラムの事例として、名古屋市が主催した『地域まちづくり勉強会・交流会「地まちCampus」エリアマネジメントカンファレンス』を紹介する。これは研究会メンバーも企画段階から検討に加わり、当日も講師として協力したものである。

　名古屋市は、2017年度に「地域まちづくり」に取り組む団体の登録・認定の新制度を創設し、単発ではなく継続的な団体の支援に取り組んできた。ここでの「地域まちづくり」とは、「地域がより良くなるために、地域の力（考え）で地域を育てること」である。[文1] 私たちの研究会には名古屋市も参加しており、これまでも共に様々な研修会を企画・開催してきた。それらの経験から得られたノウハウをもとに名古屋市で企画したのがこのプログラムであり、研究会で取り組んできたレクチャー＆ワークショップ形式を踏襲した実験的な試みの1つとして紹介したい。

　このプログラムの特徴は、図4・6のように5つのテーマを設定し、レクチャー＆ワークショップ形式に横串を刺しているところにある。5つのテーマは、「エリアマネジメント全体」「事業構築」「組織構築」「事業評価」「人材育成」。これは研究会で立てたエリアマネジメントサイクル（〈ビジョンづくり–事業計画–組織構築–

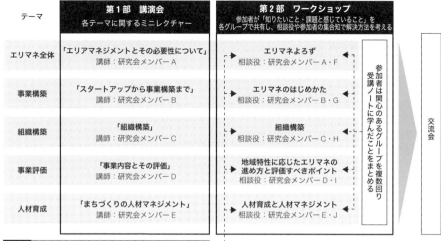

テーマ	第1部　講演会 各テーマに関するミニレクチャー	第2部　ワークショップ 参加者が「知りたいこと・課題と感じていること」を 各グループで共有し、相談役や参加者の集合知で解決方法を考える	
エリマネ全体	「エリアマネジメントとその必要性について」 講師：研究会メンバーA	エリマネよろず 相談役：研究会メンバーA・F	参加者は関心のあるグループを複数回り受講ノートに学んだことをまとめる
事業構築	「スタートアップから事業構築まで」 講師：研究会メンバーB	エリマネのはじめかた 相談役：研究会メンバーB・G	
組織構築	「組織構築」 講師：研究会メンバーC	組織構築 相談役：研究会メンバーC・H	
事業評価	「事業内容とその評価」 講師：研究会メンバーD	地域特性に応じたエリマネの進め方と評価すべきポイント 相談役：研究会メンバーD・I	
人材育成	「まちづくりの人材マネジメント」 講師：研究会メンバーE	人材育成と人材マネジメント 相談役：研究会メンバーE・J	
事前	参加者に「知りたいこと・課題と感じていること」を 事前に挙げてもらい、リスト化・テーマに分類		交流会

図4・6 『地域まちづくり勉強会・交流会「地まち Campus」エリアマネジメントカンファレンス』の
プログラムの構造

図4・7　第1部のミニレクチャーの様子
（撮影：エリアマネジメント人材育成研究会）

図4・8　第2部のワークショップの様子
（撮影：エリアマネジメント人材育成研究会）

事業実施−事後評価〉のサイクル）の仮説をもとに設定している。

　第1部の講演会では、各テーマに関する10 〜 15分程度のミニレクチャーを研究
会メンバーが行い、テーマごとに要点を整理した（図4・7）。第2部では、第1部
の講師に加え、研究会メンバーがもう1名加わって各グループの相談役となり、ワ
ークショップを行った。参加者はミニレクチャーの内容を踏まえながら関心のある
グループを選択し、時間を設定して複数のグループを回る形式とした（図4・8）。

　私の担当した「人材育成」のグループでは、「メンバーを増やすにはどうしたら

良いか」「イベントの参加者を運営側にどう巻き込んだら良いか」といったような質問が事前に挙げられていた。それに対し、私たち相談役は当日「新しい参加者がしたいことが実現できる受け皿をつくってはどうか」とアドバイスをし、そこにさらに他の参加者が「そのためには参加したい人自身のことを知ることが大事なので、定期的にコミュニケーション（飲みニケーション）の場をつくってはどうか」と提案するといった議論が生まれた。

ここで注意したいのは、相談役がアドバイザー的振る舞いに終始すると、参加者と相談役によるただの相談会になりかねないことである。その状態を回避するには、参加者どうしの意見交換を活発化させるようファシリテーター的に振る舞うことで、参加者どうしの知見の共有を目指すことが考えられる。そこから思わぬ集団的創造性が発揮されることが期待でき、さらには、プログラムの参加者は名古屋市という特定のエリアで活動する団体に所属する人たちなので、その後の活動における協働や連携につながる可能性もある。つまり、カンファレンスは学びの場であると同時に、ネットワーク構築の場としても機能させられる。

さて、こうした議論は各グループの相談役の1人がホワイトボードに同時にまとめていき、内容を可視化していった。そして、各グループで話し合われた内容を、最後にそれぞれ発表して参加者全員で共有した。さらに、参加者は学びの成果を整理するために、いくつかのグループを回りながら「受講ノート」に気づいたことを随時まとめていった（図4･9）。「受講ノート」は、誰から何を学んだかを記載する形式とし、参加者のコミュニケーションがここでも可視化されるため、後から学びのプロセスや場を思い出しながら振り返ることもできる。最後は交流会で締めくくった。

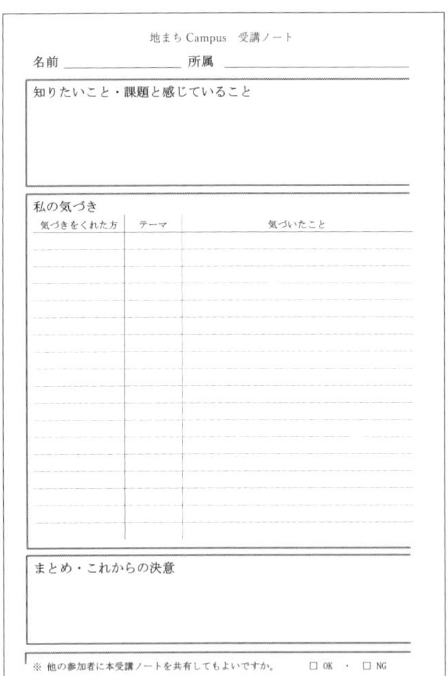
地まち Campus　受講ノート

名前 ＿＿＿＿＿＿ 所属 ＿＿＿＿＿＿

知りたいこと・課題と感じていること

私の気づき

気づきをくれた方	テーマ	気づいたこと

まとめ・これからの決意

※ 他の参加者に本受講ノートを共有してもよいですか。　□ OK ・ □ NG

図4･9　受講ノート　（提供：名古屋市）

参加者へのアンケートでは、「同じような悩みを持った方との意見交換はとても有意義だった」「先生と他のまちづくり団体の方にアドバイスもらえる機会は

なかなかないのでよかった」「テーマを変えられたことでより主体的に関わることができた」というような意見があった。同じ関心や悩みを持つ団体どうしが課題を共有し、話し合う機会を持つこと自体に有用性があり、さらにはそこに専門家が入って、特定のテーマを設定し、参加者がそれらを自由に選択できる形式にすることによって、より効果が発揮されたのではないかと考えられる。一方で、「細切れのグループワークでは話し合いが深まらない」と言ったような意見もあった。確かに話し合いの途中で時間切れとなり、次のグループに回らなければいけないような事態が発生した。今回は第1部が当初の予定より長くなってしまったため、今後はワークショップに十分な時間を確保するためのタイムマネジメントが課題として挙げられた。とはいえ、アンケートの結果から参加者の満足度は非常に高く、人材育成プログラムの1つのモデルを示すことができたのではないかと考えている。

Strategy　今後のエリアマネジメント人材の育成をどうするか

　今、エリアマネジメントの現場では人材不足が喫緊の課題である。では、どうやって今後、エリアマネジメント人材を育てていけば良いのか。ここからは今後のエリアマネジメント人材の育成について考えていくための論点を整理したい。

　まず1点目は、どのような人材育成の場が必要かということである。「事業こそがまちを支える人材育成の機会である」ととある勉強会で発言された方がいたが、能力を得るための必要な機会として多くの人が挙げていた実地研修やまちづくり組織への出向は、その1つの方法である。エリアマネジメント団体で一定期間実務を経験できる社会人インターンのような制度構築も効果的であろう。

　また、シャレットワークショップと呼ばれる専門家が一堂に集まり、現地調査、課題及びポテンシャルの把握、企画立案、プレゼンテーションまでをグループで短期間に行うワークショップも、専門家人材の育成の場として有効である。私もこれまで学生時代も含めいくつかのシャレットワークショップに参加した経験があるが、プロジェクト立案の一連の流れや技術を体験的に理解し、自身の能力を相対的に把握する機会として非常に効果的であった。特に社会人を対象としたシャレットワークショップはいずれも2日間で完結するものであり（事前学習は必要であるが）、他の専門家と協働することにより様々なノウハウを学ぶことができ、非常に濃密な学習の場であると感じた。社会人の場合、ある一定期間業務を離れることは、特に人材不足が顕著な団体において負担が大きい。その点で、短期間で実践的に学ぶこ

とのできる場は需要が高いと考えられる。ただし、実践的な学びの場では、ある程度の知識や経験が求められるため、学ぶ人の段階に応じた人材育成の場が必要であり、座学や参加型学習の機会と組み合わせて考えることも重要だろう。

　2点目は、エリアマネジメントで求められる実践知の体系化である。エリアマネジメントは手法自体が新しいため、人材育成プログラム自体も開発しなければならない。プログラム開発のためには全国の現場で実践されている活動を調査・分析し、実践知を整理・体系化することは有用であり、本書もそれに向けたひとつの試みである。先に述べた通り、私たちの研究会では、エリアマネジメントは段階ごとに実施する内容やそれに必要な能力が異なると考え、エリアマネジメントが展開していく段階プロセス（エリアマネジメントサイクル）を＜ビジョンづくり‒事業計画‒組織構築‒事業実施‒事後評価＞の5段階に分類し、各段階における実施事項と課題を整理することによって、必要なスキルやノウハウを体系化できると仮説を立てた（図4・10）。また本稿ではマネジメント人材を対象としてきたが、経済・社会活動を実践するプレーヤー人材もエリアマネジメントにおいては重要である。エリアマネジメントに関わる立場によって必要な知識や能力は異なると考えられるため、対象者ごとに実践知を整理・体系化することも必要である。

　3点目は、若者に対しエリアマネジメントの仕事をどのように魅力的に伝えるかである。難しい法制度活用や複雑な組織体制の構築を思い浮かべ、実際の仕事内容

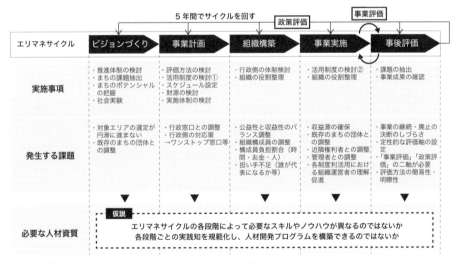

図4・10　研究会で立てたエリアマネジメントサイクルの仮説

をイメージしづらい人も多いのではないだろうか。実際の現場では、まちの様々な人からの信頼のもと、まちをより良くしようと奮闘するエリアマネージャーの姿を見ることができ、充実ややりがいの声も聞く。「株式会社街づくりまんぼう」の視察における学生のエピソードを紹介したが、こうした現場で活躍する姿を次世代に伝えていくことで、多くの担い手の創出につながるだろう。

　4点目は、行政によるエリアマネジメント団体を支援する仕組みの構築である。これまでにも行政による支援として、補助金などの金銭的支援や専門家派遣などの人的支援が個別的に行われてきたが、今後はより包括的に支援をしていくことが必要である。[文2)] 名古屋市では、「地域まちづくり」に取り組む団体の登録・認定の新制度を創設し、エリアマネジメント団体の段階に応じた継続的な支援に取り組んでいることを紹介した。エリアマネジメント団体の中には財政的な課題により、所属するメンバーに対し十分な研修などの機会が提供できていない団体もある。また、同じエリアで活動する団体どうしの横のつながりがなく、連携体制や情報交換が十分にされていない場合もある。そのような団体に対し行政は、活動の段階に応じた継続的な支援や、プラットフォーム構築をすることで、官民の良好な連携体制を構築し、まちとともに担い手を育てていくことができる。ただし、行政内部ではそうした支援にどれくらい費用対効果があるのかというような声も聞かれる。今後持続的な仕組みとして運用していくためにはその効果検証が課題として挙げられる。

　5点目は、人材と現場をマッチングするプラットフォームの構築である。人材が不足している全国各地の現場において、限られた人材を効果的に供給していく仕組みができれば、人材の流動性が高まり、エリアマネジメントが手法として一般化し、活発化する。さらには、これからエリアマネジメントを学び活躍を目指す人たちの就職支援といった人材輩出面でも重要な役割を果たすだろう。　　（執筆：籔谷祐介）

参考文献
1) 名古屋市：地域まちづくりガイド「地域まちづくりのみちしるべ」全編、2017.8
2) 吉村輝彦（2019.10）「地域まちづくりの推進に向けた支援の仕組みのあり方に関する一考察〜名古屋市「地域まちづくり」の取り組みを事例に〜」日本都市計画学会『都市計画論文集』Vol.54、No.3

これからの都市に求められるエリマネ人材

　前章まで、エリアマネジメントのケースを取り上げるとともに、そのプロセス、事業内容、効果、事務局人材の実態、その育成に関する論考を通じ、大都市中心部のみならず、地方都市や住宅地でも様々なエリアマネジメントの取り組みが進んでいること、それぞれにおいて事業者、商業者、住民などが何らかの将来ビジョンを描き、それを基礎にして、地域を変える実験的な事業を行っていること、そして、エリアマネジメントに関わる人材（本書を企画した研究会では、これを「エリマネ人材」と呼んできたため、以後、エリマネ人材と記す。）が多様な雇用形態や連携の中で働いていること、その人材開発のために実践的な研修プログラムが求められていることなどを紹介してきた。

　終章では、これからの都市づくりを展望しながら、エリアマネジメントをどう位置付けるべきかを検討し、エリマネ人材に求められることを提示したい。

森だけ見て木を見てこなかった日本の都市

　人口縮小の令和の時代において、都市づくりを計画・実践することの意味は何だろうか？

　法制度上、市町村が都市計画を定める上で指針となるのは市町村の 1992 年の都市計画法に定められる都市計画マスタープランである。全国の市町村が、これを策定してそれを実践するわけだが、ローカルな個性を求められるまちづくりの時代に

	策定年	章立て（特徴的な章に下線）	特徴
名古屋市	2020年現在策定中（パブリックコメント中）	第1章　策定にあたって 第2章　市を取り巻く状況 第3章　都市づくりの目標 第4章　将来都市構造 第5章　施策の展開 第6章　<u>地域まちづくりの推進</u> 第7章　地域別構想 第8章　プランの推進にあたって 地域別構想"都心部編" 参考資料	・地域の力で地域を育てることを「地域まちづくり」と独自に定義し、それを推進するための市の方針を明示している（第6章）。
渋谷区	2019年12月	<u>序　章　まちづくりマスタープランとは</u> <u>第1章　渋谷民が描く未来</u> 第2章　渋谷区のあゆみと社会の動き <u>第3章　渋谷区が目指す将来像とまちづくりのアプローチ</u> 第4章　目指すべき都市像 第5章　分野別まちづくりの方針 第6章　地域別まちづくりの方針 <u>第7章　まちづくりの実現に向けて</u>	・渋谷区独自のまちづくりに関する事項（まちづくり）と都市計画法第18条の2に規定される都市計画マスタープランを合体させている。（序章） ・区民の意見がどこにどのように反映されているかを明確にしている（第1章） ・区民意見と社会情勢、区役所としての課題を合わせてまちづくりの方針を定めている（第3章） ・実現手法として掲げられているのが『地域の個性』『パブリックスペース』『挑戦者のための エコシステム』『共創のプラットフォーム』を重視して、まちづくりの担い手となる「民」を支 援・育成していくための取組みを進めていくこととされ、協働が重視されている（第7章）
千代田区	2020年現在策定中（パブリックコメント中）	序　章　千代田区都市計画マスタープランの基本事項 第1章　過去・現在から未来に向けて <u>第2章　まちづくりの理念・将来像・基本方針</u> 第3章　テーマ別まちづくりの方針 第4章　地域別まちづくりの方針 <u>第5章　将来像の実現に向けた都市マネジメントの方針</u> コラム、資料、<u>別冊「千代田都市づくり白書」</u>	・まちづくりの将来像として「つながる都心」を掲げ、物理的な環境整備を通じて実現すべき経済的・社会的価値を提示している（第2章）。 ・マスタープランの実現に向けての戦略として「協働のまちづくり」「地域まちづくりの推進」「まちづくりの継続的な改善・進化」等を掲げ、多様な主体の連携によって実現することを明示している（第5章） ・マスタープランに関係する様々なデータを別冊の白書に示し、それを基礎に評価を行おうとしている（別冊）
武蔵野市	2020年現在策定中（パブリックコメント中）	序　章　都市計画マスタープランとは 第1章　地域特性と社会状況 <u>第2章　市民が描く未来像</u> 第3章　まちの将来像 第4章　目指すべき都市構造 第5章　分野別まちづくりの方針 第6章　地域別まちづくりの方針 第7章　都市計画マスタープランの推進に向けて	・市民が描く未来像を地域別ワークショップ、出張座談会などで丁寧に汲み取り(第2章)、市役所が整理した地域特性と社会状況と総合して、まちの将来像を提案している（第3章）。 ・基本的な方針（第4章）に「官民が連携したまちづくり」を掲げ、分野別まちづくり方針に関連するまちづくり活動としてエリマネを含む地域独自の取組みを紹介している（第5章）。

表1　近年の都市計画マスタープランにおける独自性の例

（出典：2020.12 段階のマスタープラン（又はその案）を筆者編集）

おいて、いわば自治体のまちづくりの最高指針となるこの計画で独自性を発揮することがなかなか難しい。表1に、そんな工夫をしている近年のマスタープランの構成を示しているが、これを見ても決定打となる方法はなく、各地で試行錯誤されていることが分かると思う。

　筆者も過去数年の間にこれらのマスタープランの策定に、直接・間接的に関わってきたが、特にエリアマネジメントのような、行政が直接行うのではなく、多様な主体が関わりながら「攻め」のまちづくりを行っていく方針をマスタープランに位置付け、しかも、それを市町村の将来の都市に適切に位置付けるには一工夫も二工夫も必要だと感じてきた。

　通常、都市計画マスタープランは、その自治体の都市づくりの基本理念を定め、今後、どの範囲で市街化を進めていくかどうか（市街化区域・市街化調整区域）を決めるとともに、用途地域、地区計画など法律に定められたメニューを活用しながらそのまちに合う土地利用、公園や道路などの都市施設の方向性や駅前などにおける市街地開発事業に関する方針を、概ね20年先を見通しながら検討していく。もちろん、変化の激しい今日、20年先というのはあまりに先が長いので、多くの場合、5年から10年ごとに見直しを行っていく、いわば「動的」な要素も含まれている。しかし、全体的には20年先の都市の全体を構想し、市町村が主導して進める事業の方針を掲げることが優先されている。

　つまり、この都市計画マスタープランは、20年先に生まれる美しい森の姿を夢見てやるべきことを明示している。問題は、個別の木陰で起きていること、そこでの可能性を軽視してきたことである。木陰で起きていること、それこそが多様な主体によって行われるまちづくり活動であり、エリアマネジメントの萌芽である。木陰にいる人たち、そこで起きていることをもっと魅力的にするまち、それが令和時代の都市づくりの重点になる。

つくられたまちを使いこなす戦略の欠如

　残念なことに、これまで都市計画マスタープランには、まちをつくったあとの「使いこなし」という段階がすっぽり抜け落ちていた。今後の都市づくりは行政が都市施設をつくっても、企業などが大きな開発を行って終わりでないことは誰がみても明白である。また、20世紀型の都市は、都市基盤や建築が竣工した時の価値が最大値で、その後は下がっていくばかりだった。そこに新たな価値が創出される

きっかけ	例	主体、すすめかたの可能性
都市施設、開発等の具体的事業が始まるとき	・公共施設（公園、スポーツ施設、図書館、公民館、駅前広場等）のPPP事業が始まるとき ・面的開発が行われるとき（区画整理、団地再生等） ・再開発事業が始まるとき　等	(1) 面的開発に連動、連鎖的再開発がある都市部では、事業者が連携してエリアマネジメントに向けた協議を始める可能性がある。 (2) PPPパートナー、指定管理者等が事務局機能を担い、地域のステークホルダーとエリアマネジメントの協議や実験を始める可能性がある。 (3) 団地再生などでは、参入する事業者が当初数年間の実験的エリアマネジメントを経て地域主導を目指す形
地域の問題や可能性が共有されたとき	・中心市街地で、将来ビジョンの検討が始まったとき ・郊外住宅地の持続可能性についての議論が始まったとき　等	(4) 旧法中活団体、都市づくり公社等の第三セクターが新たにエリアマネジメントを始める可能性がある。 (5) 社会実験のプラットフォームとなる新組織の検討がエリアマネジメントのきっかけになる可能性がある。

表2　エリアマネジメントの取組みが始まるきっかけと例

取り組みが進められることも稀だった。そんな使い捨てのような都市は、今日、望まれていない。

　むしろ、都市の様々な隙間空間を「使いこなし」、新しい活動を「実験的に」始める人が増えているのが今日のまちの姿である。まちで新しい事業を行おうとする人たち、楽しく暮らそうと工夫を凝らす人、そこに集まる人たちが、様々な空間を今までやったことのない方法で使いこなしていく戦略があれば、古くなった建物、あまり使われない空地、老朽化した公共施設、人々が訪れない河川や公園などに新しい活動の息が吹き込まれる。そんな活動の一端が見られたのが、本書で取り上げた事例ではなかったか。

　そうであれば、今後の都市においては、上述の土地利用や施設、開発などの方針と並行して、こうしたまちを使いこなすプレイヤーを育て、これをまちぐるみで支援する、いわば「エリアマネジメントの方針」とでもいうべき方針を明確にすることが重要だ。しかも、今後は、この方針が、都市施設、開発の整備の際には必ず発動され、地域の中で本当に使いこなす主体を育て、支援する仕組みを考えなければならない。本書の事例で見てきたように、エリアマネジメントの検討は、公共施設などや駅前広場などの整備、団地再生などをきっかけに始まることが多い（表2）。

　通常、エリアマネジメントの担い手自身が、大きなハコモノをつくることはない。本書で見てきたように、こうした主体は、道路、公園、空地、空き家など既存の都市空間、または市街地開発の機会を捉えて活動の拠点を形成し、そこを拠点にこれまでの都市にはなかった機能を創出することを目指す。筆者はこれが重要なポイントであると考えている。大規模開発などではできない隙間空間での小さな生業や互

助的な活動の創出が可能になり、しかも、公共空間や既存の施設をつなぐ場所であるため、一定の了解が地域の中で必要になる。

　それが結果的に、これからの都市に開かれたウォーカブル空間をもたらしたり、地域で見守られる子どもたちの遊び場や居場所を創出したり、場合によっては、新しい産業を都市につくり出すことにつながっている。そのことは、本書の1部のケース群で見られた通りである。こうした「まちを使いこなす戦略」は、これまでの都市づくりできちんと位置付けられてきたことがないが、一層、重要になる項目であることは間違いない。

これからの都市再生

　もちろん、国や自治体の都市計画においても、エリアマネジメント、つまり使いこなし型のまちづくりを忘れていないわけではない。2002年以降、改正を繰り返しながら都市再生に活用されている都市再生特別措置法は、もともと民間の都市開発を促進し、規制緩和などの支援策を通じて、都市機能の高度化およびその居住機能の向上を図ることを目指してきたが、2部の論考でも述べられてきたように、近年、この法律に基づくまちづくり団体の認定（都市再生推進法人）、各種協定制度（都市利便増進協定、都市再生歩行者径路協定、低未利用土地利用促進協定など）などを活用し、地域の事業者や地権者などが連携して、来街者や居住者が心地良く過ごせる空間づくりを行うケースが増えている。つまり、大規模な開発ではなく、既存の都市空間の「使いこなし」に向けた地域の連携を促す制度として活用されるようになっている。

　2020年度には、防災まちづくりや駅前などにおける歩行者空間の不足に対応した法律改正がなされ、官民が一体で居心地が良くなる空間づくりを予算・税制上からの支援、イベント実施時にまちづくり会社などの都市再生推進法人がの占用手続きをスムーズにするなどの改正が行われた。今後も、エリアマネジメント団体がこの法制度を活用し、都市空間の「使いこなし」を進めていく可能性は高い。

まちの隙間を面白くするエリマネ人材

　このように課題もあるが法制度も整えられている中で、本書がこだわってきたのが、前述した「エリマネ人材」であった。エリマネ人材はどのようなバックグラウ

ンドを持つ人たちなのか、その能力やスキルを上げるために何を求めているのか。

　本書を企画・研修してきたエリアマネジメント人材育成研究会（研究会）は、これを知るため、3年間に渡って活動を続け、様々な調査・活動を行ってきた。まず、エリアマネジメントに関わっている人たちに、地方都市、住宅地、行政などテーマに応じてお集まりいただき、その活動や共有されている課題感やニーズを探った（本書2–4で報告）。その後、アンケートを実施して、エリアマネジメント活動を巡る雇用形態や他団体との連携のパターンを検討したり（本書2–3で報告）した。

　こうした研究会の積み重ねの中で見えてきたのは、エリマネ人材の中には特定の地域で活動する「プレイヤー（参加者）」と全国各地を掛け持ちしながらエリマネ団体の導入や発展に寄与する「サポーター（支援者）」がいること、他方、エリマネ人材やエリマネ人材の創出につながりそうな案件は見えているにも関わらず、何からどのように始めたらいいか悩んでいる人が多いことであった。

　各地域の特性を活かしながら進めるエリアマネジメントにおいては、何から始めたらいいか、何をすべきかを一律に伝えることは難しい。そこで本書では、2–1においてエリアマネジメントの始めかた、2–2においてエリアマネジメントの活動や効果に関する論考を入れ、1部のケース群を使ってエリマネ人材が自らエリアマネジメントの始めかたやすすめかたを整理できるよう、ワークシートや研修のすすめかたを議論してきた。

　今後は、この書籍を踏まえつつ、新しい人材育成のプログラムづくりを進めているので期待していただきたい。

「エリマネ人材」への期待

　最後に、筆者が約25年のエリアマネジメントの経験を通じて感じている重要なポイントを4つ、エリマネ人材への期待として読者に伝え、まとめに代えたい。

I　官民をつなぎ、地域固有のバリューチェーンを生み出してほしい

　ケースなどで見えてきたように、エリアマネジメントは官民が連携し、ともに地域の未来のために動く仕組みであった。これを動かすには全てのステークホルダーが互いを理解し、仲間となり、共に活動を始め、軌道に乗せていくプロセスを実現しなければならない。その中核となるのが、エリマネ人材である。エリマネ人材は、互いを知り合う場を設定し、地域への関心や課題意識が共有され、優先課題や事業計画が定められていくプロセスを裏から表から引っ張っていく重要な役割を担う。

【すすめかたの例】
個人作業：気になる課題と意見の整理
グループ作業：課題を地域にとっての優先順位と着手しやすさで整理（その前に5段階で評価方法を検討する）
個人作業：優先して実施する課題について、事業アイデアシートを作成する
グループ作業：上記のアイデアシートを共有して、ブラッシュアップしていく

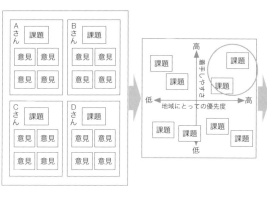

事業名	例）高架下空間を用いた新たなコミュニケーション拠点の創造
事業の場所	例）高架下空間の活用
事業の種類	例）（　）自主事業（　）受託事業（　）その他 のいずれかにマル
社会的課題の分類	例）（　）みどり・歴史・文化（　）安心安全（　）住環境（　）賑わい創出（　）仕事づくり等のいずれかにマル
地域にとって解決すべき課題とその根拠となる数字や出来事等	例）事業場所における違法駐輪の数、落書きの状況など
実現後の将来像	例）地域の新たなコミュニケーション拠点になる
課題解決の優先度の検証結果	例）マンションが増えて新旧住民の関係構築は急務
事業手法	事業内容 連携体制 財源　等

注：例として書き込んでいるものは架空であり、二子玉川とは関係ありません。

図1　二子玉川エリアマネジメンツの事業計画づくりを参考にしたワークショップの方法

（出典：二子玉川エリアマネジメンツ提供資料を筆者が再編したもの）

　多くのエリアマネジメント団体が、このプロセスを連続ワークショップなど対話を通じて実現している。例えば、筆者も参加した二子玉川エリアマネジメンツ（p.126）では、法人設立直後に理事を中心としたメンバーで集中的に話し合いを行い、地域の課題の整理から事業アイデアを作成するワークショップを専門家の力も借りながら進めてきた。図1はそれを参考に筆者が整理したものである。こうしたプロセスを官民を超えて行うこと、そのプロセスやワークシートなどの材料を設計し、議論をファシリテートしていくのがエリマネ人材の役割である。

　接点のない、あるいはなかなか分かり合えないと思っている主体をつなぎ、事業が生まれていけば、そこに地域ならではの新たなバリューチェーン（価値の連鎖）が生まれる。例えば、企業と地元住民の連携から、公共空間を用いたスモールビジネスや互助活動が生まれる例は本書のケースでも見られたところだ。

　1部のケース群でも取り上げた岡山市の北長瀬エリアマネジメントで（p.144）、最近、地域のバリューチェーンを生み出す興味深い取り組みが始まったので紹介したい（図2）。コミュニティ・フリッジ（地域のみんなの冷蔵庫）という取り組み

216

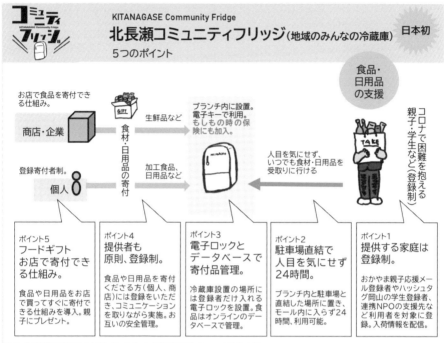

北長瀬コミュニティフリッジ（地域のみんなの冷蔵庫）　日本初

5つのポイント

食品・日用品の支援

お店で食品を寄付できる仕組み。

商店・企業

食材・日用品の寄付

生鮮品など

ブランチ内に設置。電子キーで利用。もしもの時の保険にも加入。

登録寄付者制。

個人

加工食品、日用品など

人目を気にせず、いつでも食材・日用品を受取りに行ける

コロナで困難を抱える親子・学生など（登録制）

ポイント5
フードギフト
お店で寄付できる仕組み。

食品や日用品をお店で買ってすぐに寄付できる仕組みを導入。親子にプレゼント。

ポイント4
提供者も
原則、登録制。

食品や日用品を寄付くださる方(個人、商店)には登録をいただき、コミュニケーションを取りながら実施。お互いの安全管理。

ポイント3
電子ロックと
データベースで
寄付品管理。

冷蔵庫設置の場所には登録者だけ入れる電子ロックを設置。食品はオンラインのデータベースで管理。

ポイント2
駐車場直結で
人目を気にせず
24時間。

ブランチ内と駐車場と直結した場所に置き、モール内に入らず24時間、利用可能。

ポイント1
提供する家庭は
登録制。

おかやま親子応援メール登録者やハッシュタグ岡山の学生登録者、連携NPOの支援先など利用者を対象に登録。入荷情報を配信。

図2　北長瀬エリアマネジメントによる取り組みショップの方法　　（出典：北長瀬エリアマネジメント提供資料）

である。食べる予定、使う予定のない食べ物や趣旨に賛同して寄付する食べ物をこの冷蔵庫に入れてもらい、それを必要とする困窮者の方に渡していく仕組み。新型コロナ感染拡大の影響で仕事を失い困っている家族などを支援するために2020年に始まった。この取り組みがなければつながらなかったであろう企業と個人が共に取り組むプラットフォームができただけでなく、それによってその日の食事に助かる人がいる。こうした互助活動は今後、エリアマネジメントで発展を期待したい分野だ。

2　地域の個性や資源に着目しながら、その成長や発展を定義してほしい

　エリアマネジメント団体は、必ずしも利益率を上げることを目的としない。もちろん、組織が続いていくためには一定の事業収入が必要である。そうでなければ行政からの補助金に依存することになるため、補助金に合わせた事業体系になってしまい、その地域にとって必要な事業と多かれ少なかれずれてしまう可能性がある。また、補助金が切れてしまうと事業ができなくなる持続可能性の問題も生じる。全国エリアマネジメントネットワークが2016年に実施した全国調査の結果を見ても、

エリアマネジメント団体は財源の約半分を事業収入などの自主財源（残りは補助金など）で賄っており[文1)]、自主財源を重視していることは明確である。

　しかし、どんな自主事業を行っていくのか、どの程度、またどのような方法で収入を確保するべきか、事業の効果として地域に創出する価値、それがもたらす地域の「成長・発展」の定義は、それぞれの地域で考えるべきことで一律ではない。

　少なくとも、エリアマネジメント団体が創出すべき価値、目指す地域の成長・発展は、企業の決算のように前年比で売り上げや利益が伸びていく姿とは少々異なる。エリアマネジメント団体はその組織を維持する規模の収入を必要とするが、目指す「成長・発展」とはエリアマネジメント団体のそれではなく、その組織を支える地域のステークホルダー、さらには地域で今後活動したいと考える人たちの「成長・発展」のことである。

　では、その「成長・発展」とは何か？　もちろんエリアマネジメント団体を構成する事業者等の収益増を直接的に求める地域は多い。ただ、それだけではないだろう。地域における時間の流れは少々遅く、複雑である。

　本書の事例においても、名古屋市の錦二丁目のように、まずはまちづくりの交流・活動を支える「街の会所」をつくろう、多治見市のように空き家を使って小商いの空間をつくってみようといった、当事者を増やして活動の基盤を形成する、小さな経済活動の創造や支援から始まるケースが多かった。これらの事業はエリマネ構成員の収益をすぐに上げるとは限らないが、地域の中で使われていない固有の資源に目をつけた活動を行うことで、地域の経済・社会の構造を将来に向けて変える力になる。例えば前述の錦二丁目であれば、繊維業の集積地から新しい産業の創出という長期間を要する構造変化の最中にあり、そのベースとなる交流や実験的な活動が求められている。こうした将来投資を連携して行うのがエリアマネジメントだと言える。

　筆者が参加してきた愛知県豊田市のエリアマネジメント研究会では、エリアマネジメント事業からもたらされる価値を「環境価値」「利用価値」「交換価値」「印象価値」「社会的価値」「文化的価値」に分類した。こうした価値は個別の事業者ではなかなかもたらすことができず、連携して実施することで効果が高まる。また、これらが高まることで、将来的に都心部のステークホルダーが個別に行う事業に対しても、売り上げ、機能の転換など直接的・間接的な変化が見込まれる。エリマネ人材はこうした地域の固有資源の整理、それを活用して行う事業の効果、その結果もたらされる地域の「成長・発展」の定義を提案できる力を有することが求められる。

3 常に変化するニーズを把握し、それに応じた事業を行う「動的平衡」を生み出してほしい

　筆者は 1990 年代から内外でエリアマネジメントに関わってきたが、それぞれの時代で重点的に行われる活動が変化している。例えば、1990 年代は中心市街地活性化、2010 〜 15 年頃は安心・安全、そして 2015 年以降は公共空間の利活用が議論されてきた。近年は公共空間の活用が進んだこともあって、道路空間など屋外におけるカフェ、座る場所の提供が、エリアマネジメントの重要な役割だと考えられている。総じて言えば、エリアマネジメントは都市開発とその後の維持管理や運営に着目して生まれた概念であるため、とりわけ空間の利活用が重視されてきた。

　しかし、都市が持続可能な形で将来に受け継がれていくには、ハードとソフトを超えた包括的な取り組みが必須であり、エリアマネジメント団体がサービスを提供して、市民はそれを受けるだけという関係ではなく、地域のステークホルダーがともに取り組む仕組みづくりをエリアマネジメントを通じて実現することが求められる。

　しかも、コロナ禍の時代においては、商業の売り上げや賑わいだけを成長の果実と考えるわけにはいかない。

　今後の変化として、住宅というエリアの土地利用区分や都市と地方の分担が変わっていく可能性がある。現在、郊外部の住宅地ではかなりの人がリモートワークを行うようになっており、実質的に業務空間が住宅の中にできている。オンラインでの仕事が増えると、地方への移住や多地域居住なども増えていくだろう。また、スマートシティの取り組みも進んでおり、サービス、移動、防災、ヒューマンケアなど様々な分野で ICT の活用が大きく変化する可能性がある。

　エリアマネジメントはこうした時代の変化を捉えながら、多様なステークホルダーによる対話を通じて新たな事業をつくり出し、将来につながる価値創出を行う。つまり、常に変化を躊躇せず、活動を続けていくことが重要である。生物学者の福岡伸一さんの著書『動的平衡』[文2]という言葉を借りれば、変化を踏まえながら地域にとってより良いゴールを設定し、そのために必要な事業を実験的に進めることができるのがエリアマネジメントである。この動的な要素を常に大事にしながら、エリアマネジメントを進めることができるのもエリマネ人材の重要なポイントである。

4 エリマネ人材は、木をつくりながら森を見る力を育むべし

　そして最後に、本章の冒頭で述べたように「森だけ見て木を見てこなかった」これまでの都市計画を進化させるために、それぞれの地域で「木をつくりながら森を見る」ことをすべきである。エリマネ人材はその中心的な存在であり、魅力的な木

づくり——いわば、エリアマネジメント・ビジネス——を官民の連携のもとで実現させつつ、森づくり、つまり自治体の都市づくりに関する議論に参加したり、森づくりがそこから乖離しているような場合には声を上げたりする役割を担うべきである。

　エリアマネジメントの全国団体である「全国エリアマネジメントネットワーク」はそうした政策担当者との対話を大事にしており、政策検討の状況を共有したり、報告を受けたりする機会を設けてきた。そうした全国連携を通じて森づくりにも関わることができるだろう。

　本書を通じて、多くのエリマネ人材が地域に向き合い、横並びではなく、その地域だからこそ生まれるビジョンと事業計画が生まれるよう様々な提案を行い、対話を企画・ファシリテートしていくことを望む。それによって、地域課題それぞれに個別の解が生まれ、エリアマネジメントの多様性が高まるだろう。

　もう1つ、筆者の願いは、全国でエリマネ人材が輩出され、今はまだ確立されていないエリアマネジメント業界が生まれ、その中でキャリアアップが図られるような時代が訪れることである。アメリカではエリアマネジメント（現地では Place Management と呼ばれる）が始まってほぼ半世紀が過ぎ、その雇用は10万人を超え、支払われる給与規模は30億ドルを超える都市産業の一分野に成長している（米国 IDA 調査）。当然、エリマネ人材が業界の中でステップアップする様子も見られる。それだけでなく、エリアマネジメント事業の幅も広がっており、豊かなパブリックスペースの創出はもちろん、新たな産業、生活文化の創出、環境共生など目を見張る取り組みが各地で展開されている。エリアマネジメントは、常に半歩先の都市の姿を予想し、そのために集合的な効果（コレクティブインパクト）を上げる活動を連携・協働で進めるエンジンなのである。私たちもこれを目指したい。そのためには何と言っても人材が重要である。

　本書がその取り組みのきっかけになれば嬉しい。　　　　　　（執筆：保井美樹）

参考文献
1)　丹羽由佳里・園田康貴・御手洗潤・保井美樹・長谷川隆三・小林重敬（2011）「エリアマネジメント
　　組織の団体特性と課題に関する考察——全国エリアマネジメントネットワークの会員アンケート調査
　　に基づいて」『日本都市計画学会都市計画論文集』第52巻、第3号、pp.508-513
2)　福岡伸一『動的平衡——生命はなぜそこに宿るのか』木楽社、2009年

おわりに

2021年1月、新型コロナの感染は収まらず、主要な大都市圏で2度目の緊急事態宣言に入った。このとき、真冬にも関わらず、密を避けるために人々が向かったのは屋外空間だった。筆者宅に近い公園では、例年なら見られない冬のピクニックが多く見られるようになり、思い思いに音楽を奏でる人、スポーツを楽しむ人が明らかに増えた。

自分たちが暮らす地域の風景は、自分たちで創り出す。ともに取組む小さい輪が生まれ、お互い様の気持ちが生まれる。エリアマネジメントの原点も、ここにある。地域の力が育まれれば、明日に向かって一緒に取組み、困っている人を見つけようとする優しさ、助ける勇気も生まれる。本当に困っている人は見えにくい。地域が見つけられない人を、お上（行政）が見つけられるはずがない。

反対に、お上に全てを委ね、社会に無関心になると、どうしても「管理社会」になる。結局は、お上につくってもらったルールに自分たちががんじがらめになり、うまくいかないと文句を言い、ルール違反者を通報し、互いに排除する社会になる。どっちがよいだろうか。

多少の問題はあっても前者の方が心地よい。少なくとも、筆者はその方が好きだ。本当の民主主義は国ではなく、地域からしか生まれない。

しかし、自分たちで地域を運営するには市民力が問われる。現状を観察し、自ら考え、対話を通じて多様な人たちが互いに理解し合う経験が必要である。上の世代になればなるほど圧倒的に足りないのが、こうした経験ではないか。その結果が、戦後日本の縦型社会だと思う。

筆者は、担当する大学のゼミでこの力の育成を最も大事にしてきた。実際に地域に出向き、対話や実験的活動をデザインし、やってみる。振り返ると、空き店舗の前で七輪を囲んだり、焼き芋を焼いたり、廃校の調理室で一緒に食事をつくったり。会議室での話し合いだけでなく、地域住民と学生たちが一緒に汗を流し、知恵を出し合い、微笑みあった。

実体験を積み重ねた彼らの世代が引っ張る近未来は、オンラインツールも手伝い、人が縦横無尽につながり、身近な活動の積み重ねが、社会を変化させる姿が一般化しているはずだ。多様な価値観がぶつかって起きる問題も、自分たちで解決する自浄能力を持ちたい。

人は一人では生きていけない。エリアマネジメントは、人と一緒に暮らす技法を

学び、地域経営のみならず民主主義の練習をすることができる。

　この本の執筆作業も佳境に入った頃、筆者は、予想もしていなかった病気を発症して入院することになった。代表を欠いた中でも活発に研究会を続けてくれた仲間たちには、感謝の気持ちしかない。心配をかけてばかりだった私に、やりたいことをやったらいいと背中を押してくれた夫、娘、息子、母にもこの場を借りて感謝の気持ちを伝えたい。

保井美樹

　2021 年 5 月 20 日にこの本が出版された後、同年 8 月 20 日にこの本の編著者であり、エリアマネジメント人材育成研究会代表の保井美樹は逝去しました。

　この本はエリアマネジメントの人材を考え、エリアマネジメント事例から自分たちが学ぶ本。そんな先生の想いが詰まった本です。
　感謝と尊敬の意を持ちつつ、先生の想いや意志が各地のエリアマネジメントの人材を育てることができるよう、届けていきたいと思います。

エリアマネジメント人材育成研究会
エリアマネジメントケースメソッド著者一同